公路工程标准规范理解与应用丛书

《公路路基路面现场测试规程》释义手册

和　松　主编

人民交通出版社

内 容 提 要

本手册为《公路路基路面现场测试规程》(JTG E60—2008)(以下简称《规程》)宣贯读本,由《规程》主要起草人主编。本手册各章节顺序与《规程》章节完全对应,对《规程》中有关试验方法的编制依据和基本理论、定量技术指标的确定和解释、操作步骤的技术细节和注意事项以及实践经验等方面进行了详细论述。

本手册可供从事道路工程施工、监理、质检、养护等现场试验检测技术人员和有关管理人员学习参考。

图书在版编目(CIP)数据

《公路路基路面现场测试规程》释义手册/和松主编.
北京:人民交通出版社,2008.8

ISBN 978-7-114-07299-4

Ⅰ.公… Ⅱ.和… Ⅲ.①公路路基-道路工程-工程质量-测试技术-行业标准-中国-手册②路面-道路工程-工程质量-测试技术-行业标准-中国-手册
Ⅳ.TU416.06-65

中国版本图书馆CIP数据核字(2008)第114252号

公路工程标准规范理解与应用丛书

书　　名:《公路路基路面现场测试规程》释义手册
著 作 者: 和　松
责任编辑: 刘　涛　栗光华
出版发行: 人民交通出版社
地　　址: (100011)北京市朝阳区安定门外外馆斜街3号
网　　址: http://www.ccpress.com.cn
销售电话: (010)59757969,59757973
总 经 销: 北京中交盛世书刊有限公司
经　　销: 各地新华书店
印　　刷: 北京交通印务实业公司
开　　本: 787×960　1/16
印　　张: 15
字　　数: 146千
版　　次: 2008年8月　第1版
印　　次: 2008年8月　第1次印刷
书　　号: ISBN 978-7-114-07299-4
印　　数: 0001~8000册
定　　价: 35.00元

前　言 QIANYAN

中华人民共和国交通行业标准《公路路基路面现场测试规程》(JTG E60—2008)(以下简称《规程》)于2008年9月1日施行。为配合《规程》的宣贯和实施,由交通部公路科学研究院和松高级工程师组织《规程》编写组的主要人员编写了《〈公路路基路面现场测试规程〉释义手册》(以下简称《手册》)。该手册可供从事道路工程施工、监理、质检、养护等现场试验检测的技术人员和有关管理人员学习参考。

《公路路基路面现场测试规程》(JTJ 059—95)(以下简称《95规程》)发布实施于我国刚开始大规模公路建设的初期,相关工程技术人员和行业管理部门已认识到利用各类试验检测仪器和设备进行工程技术性能数据采集是保证工程质量的有效手段。《95规程》规定的试验方法大致包括三种类型:第一类是路基路面施工质量控制及验收、建立路面管理系统进行质量检测所必须进行的标准试验方法,包括路面厚度几何尺寸、土基模量及CBR、路面弯沉、平整度、压实度、抗滑、渗水、车辙及路面破损调查等,这些项目的测试结果是质量评定的依据;第二类是现场工程施工质量快速评定的项目,如核子仪测压实度、落球仪测CBR、回弹仪及射钉法测强度等,作为辅助控制手段;第三类是对仪器设备技术要求较高且目前应用比较普遍的试验方法,主要是一些自动化的检测设备,这些检测方法和设备大都从"七五"期间就开始研究和推广使用,早期多数为各国进口设备,近年来部分设备也已开始国产化,如颠簸式累积仪、自动弯沉仪、横向力系数测定车、落锤式弯沉仪(FWD)、激光构造深度仪等,它们一直以来是推广和发展的方向,这些科技含量较高的自动化测试仪器具有准确、高效和无损等优点,能够节省大量人力、时间,并提高测试精度,避免人为误差,而且还能提高在通车道路上检测的现场安全性,尽可能减小对正常行驶车流的干扰。另外，自动化测试设备的广泛应用还为路面管理系统提供了有力的技术支持和大量的科学数据。因此上述设备的应用对提高我国公路建设质量与养护管理水平起到了重要的促进作用。

但是，《95 规程》发布实施至今已近 13 年，期间我国公路建设规模急剧扩大，高等级公路占国家干线路网总里程的比例也不断提高，因此工程建设和管理工作中对各类技术指标的现场检测和试验的要求也在不断提高。与此同时，随着计算机、自动化机电控制和新材料等领域高科技技术的发展，国内外面向公路行业研制的各类先进的专用自动化试验检测仪器和设备正在不断投入生产应用当中，大大提高了试验检测活动的准确性和效率，对公路行业的试验检测方式产生了极大的影响。基于上述状况，《95 规程》在使用中存在如下技术问题需要解决。

1. 规程规定条款与实际情况不一致

随着国内外对公路交通领域所使用各类仪器的持续科研开发，其类型日益更新，性能不断改进，导致设备或系统的各项参数、标定、现场操作程序等均发生较大变化，进而产生这些新设备的使用与现有规程规定条款不一致的问题，给实际操作人员带来使用上的无所适从。

2. 不同类型设备测试同一工程指标间的相关关系

我们所检测的工程性能指标都是具体针对某一种特定的试验方法或试验设备的，但目前某些指标的测试设备的种类较多，测试原理五花八门，造成测试结果存在很大的差异。近年来，一些部门和有关技术人员为了使各种设备之间测试的结果具有可比性，陆续在一些不同类型设备之间进行了相关性试验，并取得了一定成果。即便如此，由于各种条件所限，不同人员在具体做对比试验时采用的方法可能存在较大的差异，因此得出的结论在应用上必然有一定的局限性。

3. 现场测试条件的影响因素修正

公路路面技术性能检测的特点是现场条件复杂多变，并且测试工作经常处于移动状态。因此，为保证数据结果的统一，就必须针对温度、速度等环境因素进行测试结果的修正。现行测试规程由于编写年代较早，一些指标缺乏这方面的明确规定。

4.试验设备和方法的适用性

《95规程》由于使用时间较长，存在的另一个明显问题是长期以来已大量投入多种先进的自动化测试仪器和设备未被纳入规程中，使操作人员在实际应用中缺乏规范性的指导依据，造成使用和管理上的混乱。此外，原规程中还有少量试验设备和方法目前已经很少使用，已无在规程中保留的必要。

鉴于上述原因，本次规程修订遵循如下编写原则：

(1)由于使用历时较长，使用范围覆盖公路建设和管理的多个环节，因此需要广泛征求对原规程使用中存在问题的反映和修改建议。

(2)广泛查证和参考国内有关研究成果和国外相关技术标准资料。

(3)更合理和及时地增加目前已比较普遍使用的各种先进的高科技自动化检测设备的试验方法。

(4)试验方法中的测试步骤分成两类编写模式，其中传统手工试验仍采用原规程试验方法的编写模式；而各种自动化测试设备试验方法在参考国外标准的相关规定基础上采用新的操作步骤编写模式，其中只对测试准备条件、采样方式、环境因素控制等作规定。由于自动化测试设备一般在测试过程中根据生产厂家或型号的不同在具体操作上均有所不同，而测试过程通常自动进行，因此规程在操作步骤编写时对设备本身的有关具体操作程序不作要求。

(5)当测试设备和试验方法的测试结果技术与行业工程技术标准和规范规定指标类型不一致时，应规定统一的对比试验方法，以便保证测试结果在相关关系确定上的一致性。

(6)为使试验结果更加准确有效，补充完善了各类现场测试指标的影响因素修正方法的相关内容。

《手册》广泛研究了我国多年来公路路基路面现场试验所使用的新设

备、新技术和实践经验，引用了从大量研究课题和数据所得到的科学成果，同时借鉴了相关先进国际标准的内容。《手册》介绍和总结了有关试验方法的编制依据和基本理论、定量技术指标的确定和解释、操作步骤的技术细节和注意事项以及实践经验，为便于读者使用，其各章节顺序与《规程》完全对应。

本《手册》由和松主编，编写组成员包括：李福普、常成利、窦光武、牛开民、宿建等。

本《手册》的编写参考了《95 规程》和部分文献资料在此谨向《95 规程》和相关文献的作者表示感谢！在本《手册》出版之际，编著者还特别要对交通运输部和人民交通出版社的各级领导及有关人员的支持与关心表示感谢！

由于编者水平有限，时间仓促，书中难免存在疏漏与错误，欢迎单位和个人提出意见和建议。本《手册》仅作为《规程》使用过程中的参考书，欢迎读者随时与交通部公路科学研究院和松（地址：北京海淀区西土城路8号，邮政编码：100088，电话 010-62027235）联系，并提出问题和修改建议。

编　者

2008 年 6 月 25 日

目 录 MULU

1 总　　则

《公路路基路面现场测试规程》(JTG E60—2008)(简称本规程)包括14章和2个附录,共计38个路基路面现场测试试验方法、1个现场选点方法和1个数据整理方法。本次规程修订的目的是使各类路基路面现场试验方法在规则上更加统一,保证试验结果的准确性和一致性。

另外,本次规程修订根据工程建设和管理的实际需要,删除或增加了部分试验方法,尤其是及时增加了目前在工程实践中大量使用的自动化测试设备的有关试验方法,提高了现场测试和试验的效率和准确性,同时对高科技测试设备和技术在公路领域的应用起到了积极的促进作用。

1.0.1　为适应我国公路建设和管理的需要,保证公路路基路面工程的施工和养护质量,规范各类现场检测仪具与设备、试验方法和操作要求,制定本规程。

在公路建设和管理过程中需要现场进行多种测试或试验项目,通常存在的一个现象是工程上使用的某一个技术指标会有几种不同类型的测试设备或测试方法供选择使用,而不同类型设备或方法的测试结果之间是存在差异的。

制定严格的设备技术指标参数和试验方法的操作规程,建立不同设备和方法测试结果之间的相关转换关系,是保证测试准确性和工程技术评价统一性的必要手段。

1.0.2 本规程适用于公路路基路面的现场调查、工程质量检测以及技术状况检测等。

本规程规定的设备和试验方法可能在公路工程建设和管理工作中的多个环节上使用，主要包括道路设施设计前期的资料调查、施工过程的现场质量控制、工程质量的验收与评定、道路养护状况的检测与评价、特殊技术问题论证或研究课题的现场试验以及社会和司法性质的公益性检测技术服务工作等。

1.0.3 按本规程规定的试验方法进行测试路段的质量评定或验收时，路段选择及采样方法应遵照相应的施工、养护技术规范或《公路工程质量检验评定标准　土建工程》(JTG F80/1)的规定进行。

本规程规定的内容与条款仅限于设备的基本技术要求和现场具体操作过程，最终提供的结果是经过影响因素修正或相关性转换的测试基本数据，至于检测指标数据的统计计算方法和工程水平评价，需依据相关标准规范的规定进行。

1.0.4 按本规程试验用的仪具设备，均应符合相应的标准规定，并经检验合格。

本规程内容只包括了对设备技术参数的基本要求，而设备本身技术状态是否满足要求，需通过计量检定来验证，而设备的计量检定应依据有关检定规程进行。

另外，本规程中规定的所谓设备标定内容是指仪器设备初始状态设置或验证与其他类型设备测试结果间的相关关系，和设备的计量检定也不是一个概念。

1.0.5 本规程采用国家法定标准计量单位制。

规程涉及的设备技术参数和测试工程指标的单位一般采用国家法定标准计量单位,部分特殊专业工程技术指标的单位依据有关行业标准规范的规定。

1.0.6 对公路路基路面进行现场测试时,除应遵照本规程规定外,尚应符合国家和行业现行相关标准及规范的规定。

本规程为推荐性使用标准,与其他国家和行业相关标准规范内容有关时,应以强制性标准规定的条款为准。

3 现场取样

T 0901—2008 取样方法

1 目的与适用范围

1.1 本方法适用于路面取芯钻机或路面切割机在现场钻取或切割路面的代表性试样。

1.2 本方法适用于对水泥混凝土面层、沥青混合料面层或水泥、石灰、粉煤灰等无机结合料稳定基层取样，以测定其密度或其他物理力学性质。

1.3 本方法钻孔采取芯样的直径不宜小于最大集料粒径的3倍。

从路面上钻孔取样是近年来广泛采用的标准试验方法，钻孔试样可用来测定厚度、密度、材料级配及其他许多试验，为此列入本规程中。对沥青路面的钻孔，应该在路面完全冷却后，随机选点钻孔取样，如一次钻孔同时有多层沥青层时，需用切割机切割，待试件充分干燥后(在第二天之后)，分别测定密度。对压实层厚度等于或小于3cm的超薄表面层或磨耗层、厚度小于4cm的SMA表面层、易发生温缩裂缝的严寒地区的表面层、桥面铺装沥青层，钻孔试样表面形状改变，难以准确测定密度时，可免于钻孔取样，严格控制碾压。

钻头有两种：一类适用于对水泥混凝土路面与无机结合料

稳定基层使用，另一类适用于沥青面层，也可通用，均有淋水冷却装置。芯样的直径取决于钻头，通常有 ϕ50mm、ϕ100mm、ϕ150mm，按照试件直径大于最大集料粒径的 3 倍的要求，对沥青混合料及水泥混凝土路面通常采用 ϕ100mm 的钻头，对水泥、石灰等无机结合料稳定基层，细粒土可使用 ϕ100mm，粗粒土可使用 ϕ150mm。

关于钻孔时不能用水采用干冰冷却的方法摘自美国的试验方法。

2 仪具与材料技术要求

本方法需要下列仪具与材料：

(1)路面取芯钻机：牵引式(可用手推)或车载式，钻机由发动机或电力驱动。钻头直径根据需要决定，选用 ϕ100mm 或 ϕ150mm 钻头，均有淋水冷却装置。

(2)路面切割机：手推式或牵引式，由发动机或电力驱动，也可利用汽车动力由液压泵驱动，附金刚石锯片，有淋水冷却装置。

(3)台秤。

(4)盛样器(袋)或铁盘等。

(5)干冰(固体 CO_2)。

(6)试样标签。

(7)其他：镐、铁锹、量尺(绳)、毛刷、硬纸、棉纱等。

3 方法与步骤

3.1 准备工作

(1)确定路段。可以是一个作业段、一天完成的路段,或按相关规范的规定选取一定长度的检查路段。

(2)按本规程附录A的方法确定取样的位置。

(3)将取样位置清扫干净。

3.2 取样步骤

(1)在选取采样地点的路面上,先用粉笔对钻孔位置作出标记或画出切割路面的大致面积。切割路面的面积根据目的和需要确定。

(2)用钻机在取样地点垂直对准路面放下钻头,牢固安放钻机,使其在运转过程中不得移动。

(3)开放冷却水,启动电动机,徐徐压下钻杆,钻取芯样,但不得使劲下压钻头。待钻透全厚后,上抬钻杆,拔出钻头,停止转动,不使芯样损坏,取出芯样。沥青混合料芯样及水泥混凝土芯样可用清水漂洗干净备用。

注:当由于试验需要不能用水冷却时,应采用干钻孔,此时为保护钻头,可先用干冰约3kg放在取样位置上,冷却路面约1h,钻孔时通以低温CO_2等冷却气体以代替冷却水。

(4)用切割机切割时,将锯片对准切割位置,开放冷却水,启动电动机,徐徐压下锯片到要求深度(厚度),仔细向前推进,到需要长度后抬起锯片,四面全部锯毕后,用镐或铁锹仔细取出试样。取得的路面试块应保持边角完整,颗粒不得散失。

(5)采取的路面混合料试样应整层取样,试样不得破碎。

(6)将钻取的芯样或切割的试块,妥善盛放于盛样器中,必要时用塑料袋封装。

(7)填写样品标签，一式两份，一份粘贴在试样上，另一份作为记录备查。试样标签的示例如图 T 0901 所示。

试样编号：＿＿＿＿＿＿＿＿＿＿＿＿
路线或工程名称：＿＿＿＿＿＿＿＿＿
材料品种：＿＿＿＿＿＿＿＿＿＿＿＿
施工日期：＿＿＿＿＿＿＿＿＿＿＿＿
取样日期：＿＿＿＿＿＿＿＿＿＿＿＿
取样位置：桩号＿＿中心线左＿＿m 右＿＿m
取样人：＿＿＿＿＿＿＿＿＿＿＿＿＿
试样保管人：＿＿＿＿＿＿＿＿＿＿＿
备注：＿＿＿＿＿＿＿＿＿＿＿＿＿＿
(注明试样用途或试验结果等)

图 T 0901　试样标签示例

(8)对钻孔或被切割的路面坑洞，应采用同类型材料填补压实，但取样时留下的水分应用棉纱等吸走，待干燥后再补坑。

4 几何尺寸

T 0911—2008 路基路面几何尺寸测试方法

1 目的与适用范围

本方法适用于路基路面各部分的宽度、纵断面高程、横坡及中线平面偏位等几何尺寸的检测，以供道路施工过程、路面交竣工验收及旧路调查使用。

2 仪具与材料技术要求

本方法需要下列仪具与材料：

(1)长度量具：钢卷尺。

(2)经纬仪、精密水准仪、塔尺或全站仪。

全站仪不是必需设备，可以作为备选设备。

(3)其他：粉笔等。

3 方法与步骤

3.1 准备工作

(1)在路基或路面上准确恢复桩号。

(2)根据有关施工规范或《公路工程质量检验评定标准 土建工程》(JTG F80/1)的要求，按附录A的方法，在一个检测路段内选取测定的断面位置及里程桩号，在测定断面作上标记。通常将路面宽度、横坡、高程及中线平面偏位选取在同一断面位置，且宜在整数桩号上测定。

(3)根据道路设计的要求，确定路基路面各部分的设计宽度的边界位置。在测定位置上用粉笔作上记号。

(4)根据道路设计的要求，确定设计高程的纵断面位置。在测定位置上用粉笔作上记号。

(5)根据道路设计的要求，在与中线垂直的横断面上确定成型后路面的实际中心线位置。

(6)根据道路设计的路拱形状，确定曲线与直线部分的交界位置及路面与路肩(或硬路肩)的交界处，作为横坡检验的基准；当有路缘石或中央分隔带时，以两侧路缘石边缘为横坡测定的基准点，用粉笔作上记号。

3.2 路基路面各部分的宽度及总宽度测试步骤

用钢尺沿中心线垂直方向水平量取路基路面各部分的宽度，以 m 表示，对高速公路及一级公路，准确至 0.005m；对其他等级公路，准确至0.01m。测量时钢尺应保持水平，不得将尺紧贴路面量取，也不得使用皮尺。

3.3 纵断面高程测试步骤

(1)将精密水准仪架设在路面平顺处调平，将塔尺竖立在中线的测定位置上，以路线附近的水准点高程作为基准。测记测定点的高程读数，以 m 表示，准确至 0.001m。

(2)连续测定全部测点，并与水准点闭合。

3.4 路面横坡测试步骤

(1)对设有中央分隔带的路面：将精密水准仪架设在路面平

顺处调平，将塔尺分别竖立在路面与中央分隔带分界的路缘带边缘 d_1 处及路面与路肩交界位置(或外侧路缘石边缘) d_2 处，d_1 与 d_2 两测点必须在同一横断面上，测量 d_1 与 d_2 处的高程，记录高程读数，以 m 表示，准确至0.001m。

(2)对无中央分隔带的路面：将精密水准仪架设在路面平顺处调平，将塔尺分别竖立在路拱曲线与直线部分的交界位置 d_1 及路面与路肩(或硬路肩)的交界位置 d_2 处，d_1 与 d_2 两测点必须在同一横断面上，测量 d_1 与 d_2 处的高程，记录高程读数，以 m 表示，准确至 0.001m。

(3)用钢尺测量两测点的水平距离，以 m 表示，对高速公路及一级公路，准确至 0.005m；对其他等级公路，准确至0.01m。

3.5　中线偏位测试步骤

(1)对有中线坐标的道路：首先从设计资料中查出待测点 P 的设计坐标，用经纬仪对该设计坐标进行放样，并在放样点 P' 做好标记，量取 PP' 的长度，即为中线平面偏位 Δ_{CL}，以 mm 表示，对高速公路及一级公路，准确至 5mm；对其他等级公路，准确至 10mm。

规程采用国家法定标准计量单位制，因此，单位改用 mm，而不再使用 cm。

(2)对无中桩坐标的低等级道路：应首先恢复交点或转点，实测偏角和距离，然后采用链距法、切线支距法或偏角法等传统方法敷设道路中线的设计位置，量取设计位置与施工位置之间的距离，即为中线平面偏位 Δ_{CL}，以 mm 表示，准确至 10mm。

4 计算

4.1 按式(T 0911-1)计算各个断面的实测宽度 B_{1i} 与设计宽度 B_{0i} 之差。总宽度为路基路面各部分宽度之和。

$$\Delta B_{i} = B_{1i} - B_{0i} \quad \text{(T 0911-1)}$$

式中：B_{1i}——各断面的实测宽度(m)；

B_{0i}——各断面的设计宽度(m)；

ΔB_{i}——各断面的实测宽度和设计宽度的差值(m)。

4.2 按式(T 0911-2)计算各个断面的实测高程 H_{1i} 与设计高程 H_{0i} 之差。

$$\Delta H_{i} = H_{1i} - H_{0i} \quad \text{(T 0911-2)}$$

式中：H_{1i}——各个断面的纵断面实测高程(m)；

H_{0i}——各个断面的纵断面设计高程(m)；

ΔH_{i}——各个断面的纵断面实测高程和设计高程的差值(m)。

4.3 各测定断面的路面横坡按式(T 0911-3)式计算，准确至一位小数。按式(T 0911-4)计算实测横坡 i_{1i} 与设计横坡 i_{0i} 之差。

$$i_{1i} = \frac{d_{1i} - d_{2i}}{B_{1i}} \times 100 \quad \text{(T 0911-3)}$$

$$\Delta i_{i} = i_{1i} - i_{0i} \quad \text{(T 0911-4)}$$

式中：i_{1i}——各测定断面的横坡(%)；

d_{1i}、d_{2i}——3.4 所述各断面测点 d_1 及 d_2 处的高程读数(m)；

B_{1i}——各断面测点 d_1 与 d_2 之间的水平距离(m)；

i_{0i}——各断面的设计横坡(%)；

Δi_i——各断面的横坡和设计横坡的差值(%)。

4.4　根据本规程附录B的方法计算一个评定路段内各测定断面的宽度、高程、横坡以及中线平面偏位的平均值、标准差、变异系数，但加宽及超高部分的测定值不参与计算。

5　报告

5.1　以评定路段为单位列出桩号、宽度、高程、横坡以及中线偏位测定的记录表，记录平均值、标准差、变异系数。注明不符合规范要求的断面。

5.2　纵断面高程测试报告中应报告实测高程与设计高程的差值，低于设计高程为负，高于设计高程为正。

5.3　路面横坡测试报告中应报告实测横坡与设计横坡的差值。实测横坡小于设计横坡为负，实测横坡大于设计横坡为正。

T 0912—2008　挖坑及钻芯法测定路面厚度试验方法

1　目的与适用范围

本方法适用于路面各层施工过程中的厚度检验及工程交工验收检查使用。

2　仪具与材料技术要求

本方法根据需要选用下列仪具和材料：

(1)挖坑用镐、铲、凿子、锤子、小铲、毛刷。

(2)路面取芯样钻机及钻头、冷却水。钻头的标准直径为

ϕ100mm，如芯样仅供测量厚度，不做其他试验时，对沥青面层与水泥混凝土板也可用直径ϕ50mm的钻头，对基层材料有可能损坏试件时，也可用直径ϕ150mm的钻头，但钻孔深度均必须达到层厚。

(3)量尺：钢板尺、钢卷尺、卡尺。

(4)补坑材料：与检查层位的材料相同。

(5)补坑用具：夯、热夯、水等。

(6)其他：搪瓷盘、棉纱等。

3 方法与步骤

3.1 基层或砂石路面的厚度可用挖坑法测定，沥青面层及水泥混凝土路面板的厚度应用钻孔法测定。

3.2 挖坑法厚度测试步骤：

(1)根据现行相关规范的要求，按附录A的方法，随机取样决定挖坑检查的位置，如为旧路，该点有坑洞等显著缺陷或接缝时，可在其旁边检测。

(2)在选择试验地点，选一块约40cm×40cm的平坦表面，用毛刷将其清扫干净。

(3)根据材料坚硬程度，选择镐、铲、凿子等适当的工具，开挖这一层材料，直至层位底面。在便于开挖的前提下，开挖面积应尽量缩小，坑洞大体呈圆形，边开挖边将材料铲出，置于搪瓷盘中。

(4)用毛刷将坑底清扫，确认为下一层的顶面。

(5)将钢板尺平放横跨于坑的两边，用另一把钢尺或卡尺等量具在坑的中部位置垂直伸至坑底，测量坑底至钢板尺的距离，即为检查层的厚度，以 mm 计，准确至 1mm。

规程采用国家法定标准计量单位制，因此，钢尺最小刻度为 mm，检测结果用 mm 表示，而不用 cm 表示。在测量过程中，钢板尺用立边平放横跨于坑的两边，以免由于钢板尺变形引起误差。

3.3　钻孔取芯样法厚度测试步骤：

(1)根据现行相关规范的要求，按附录 A 的方法，随机取样决定钻孔检查的位置，如为旧路，该点有坑洞等显著缺陷或接缝时，可在其旁边检测。

(2)按本规程 T 0901 的方法用路面取芯钻机钻孔，芯样的直径应符合本方法第 2 条的要求，钻孔深度必须达到层厚。

(3)仔细取出芯样，清除底面灰土，找出与下层的分界面。

(4)用钢板尺或卡尺沿圆周对称的十字方向四处量取表面至上下层界面的高度，取其平均值，即为该层的厚度，准确至 1mm。

3.4　在沥青路面施工过程中，当沥青混合料尚未冷却时，可根据需要随机选择测点，用大螺丝刀插入至沥青层底面深度后用尺读数，量取沥青层的厚度，以 mm 计，准确至 1mm。

路面厚度是施工过程中质量控制及施工验收的必测项目。路面厚度的检测通常规定通过测量钻孔试件厚度或挖坑法为标准试验方法，属于破坏性检验。因此，在沥青路面施工过程中，去掉了施工过程中挖坑检测厚度的方法，要求尽量采用无破损方法进行检验，以减少对路面造成损坏或留下后患。要求要待沥青路面完全冷却后，在钻孔检测压实度的同时测量沥青层的厚度，并规定了厚度的检测方法，用插尺(一种专用的松铺厚度插入式测杆)或其他工具量松铺厚度、利用拌和数据进行总量检验，以及利用地质雷达检测都属于无破损检测方法，应该是质量控制的重点。从数据点的代表性及对路面的破损来说，钻孔取样是最不应该采取的方法，但是它的数据比较直观准确，所以现在还在使用中。

3.5 按下列步骤用与取样层相同的材料填补挖坑或钻孔：

(1)适当清理坑中残留物，钻孔时留下的积水应用棉纱吸干。

(2)对无机结合料稳定层及水泥混凝土路面板，应按相同配合比用新拌的材料分层填补并用小锤压实。水泥混凝土中宜掺加少量快凝早强剂。

(3)对无结合料粒料基层，可用挖坑时取出的材料，适当加水拌和后分层填补，并用小锤压实。

(4)对正在施工的沥青路面，用相同级配的热拌沥青混合料分层填补并用加热的铁锤或热夯压实，旧路钻孔也可用乳化沥青混合料修补。

(5)所有补坑结束时，宜比原面层略鼓出少许，用重锤或压路机压实平整。

注：补坑工序如有疏忽、遗留或补得不好，易成为隐患而导致开裂，所有挖坑、钻孔均应仔细做好。

4 计算

4.1 按式(T 0912)计算路面实测厚度 T_{1i} 与设计厚度 T_{0i}

之差。

$$\Delta T_{i} = T_{1i} - T_{0i} \quad (T\,0912)$$

式中：T_{1i}——路面的实测厚度(mm)；

T_{0i}——路面的设计厚度(mm)；

ΔT_{i}——路面实测厚度与设计厚度的差值(mm)。

4.2 当为检查路面总厚度时，则将各层平均厚度相加即为路面总厚度。按本规程附录B的方法，计算一个评定路段检测厚度的平均值、标准差、变异系数，并计算代表厚度。

5 报告

路面厚度检测报告应列表填写，并记录与设计厚度之差，不足设计厚度为负，大于设计厚度为正。

T 0913—2008 短脉冲雷达测定路面厚度试验方法

1 目的与适用范围

1.1 本方法适用于采用短脉冲雷达无损检测路面面层厚度。

短脉冲雷达是目前公路行业用于路面厚度无损检测应用最广的雷达，它具有测值精度高、工作稳定等特点。为了满足测试准确度和垂直分辨率的要求，用于检测路面厚度的雷达天线频率一般为1.0GHz以上。

1.2 本方法的数据采集、传输、记录和数据处理分别由专用软件自动控制进行。

1.3 本方法适用于新建、改建路面工程质量验收和旧路加铺路面设计的厚度调查。

新建或者运营道路的沥青路面采用雷达测厚基本没有问题，但是改建路面工程中的检测需要注意一些问题。如果重新铺筑沥青路面，由于面层与基层材料的差异较大，层面分界会非常清晰，适合用雷达测试路面厚度；如果在原有沥青面层上加铺就需要进行现场试验，观察新旧沥青面层材料介电常数的差异性，如果差异性过小，层面将难以分清，就不适合用此方法测试加铺路面厚度。

1.4 雷达发射的电磁波在路面层传播过程中会逐渐削弱、消散、层面反射。雷达最大探测深度是由雷达系统的参数以及路面材料的电磁属性决定的。对于材料过度潮湿或饱和以及有高含铁量矿渣集料的路面不适合用本方法测试。

雷达波受环境条件的影响较大，根据以往的现场试验经验，在晴天和雨天检测同一路段的数据，误差可达到20％以上。因此，如果是雨后工作，建议等待1d时间，待路面含水率稳定后再测。对于基层中有高铁含量的矿渣时，由于雷达信号受到较为强烈的干扰，不建议采用本方法检测。

2 仪具与材料技术要求

雷达测试系统由承载车、天线、雷达发射接收器和控制系统组成，设备部分如图T 0913所示。

2.1 设备承载车基本技术要求和参数

设备承载车车型应满足设备制造商的要求。

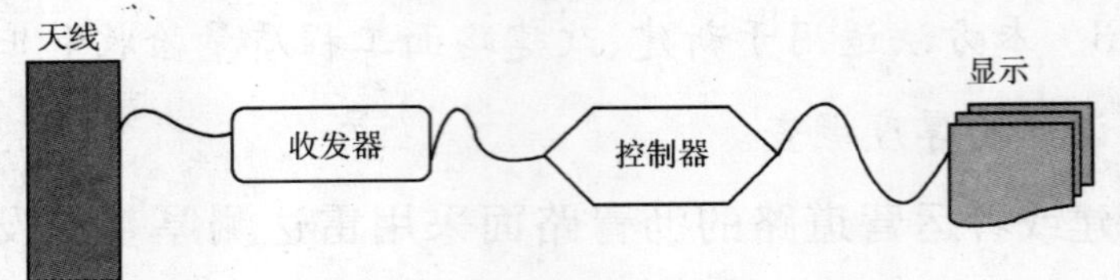

图 T 0913　雷达系统组成图

2.2　测试系统技术要求和参数

(1)距离标定误差:≤0.1%。

(2)设备工作温度:0～40℃。

(3)最小分辨层厚:≤40mm。

(4)系统测量精度要求:见表 T 0913。

表 T 0913　系统测量精度技术要求

测量深度(cm)	测量误差(mm)	测量深度(cm)	测量误差(mm)
<10	±3	>25	±10
10～25	±5		

(5)天线:喇叭形空气耦合天线,带宽能适应所选择的发射脉冲频率。

(6)收发器:脉冲宽度≤1.0ns,时间信号处理能力可以适应所需的测试深度。

沥青路面的最小厚度多为 40mm,因此这里规定最小分辨层厚为不超过 40mm。雷达垂直分辨率理论值为雷达波波长的一半,即 $\lambda/2$,这同时也对天线主频提出了要求。例如,假定雷达波在面层材料中的传播速率为 10cm/ns,那么为了分清层厚 40mm,天线主频就要大于 1.25GHz。但是,天线主频不是越大越好,天线频率与可探测深度是成反比的,为了探测较大的面层厚度,在误差允许范围内,可以适当降低天线频率。

3 方法与步骤

3.1 准备工作

(1)距离标定:承载车行驶超过20 000km,更换轮胎,或使用超过1年的情形下需要进行距离标定。距离标定方法根据厂商提供的使用说明进行。

(2)安装雷达天线:将雷达天线按照厂商提供的安装方法牢固安装好,并将天线与主机的连线连接好。

(3)检查连接线安装无误后开机预热,预热时间不得少于厂商规定的时间。

电子产品一般都需要进行通电稳定,雷达设备也不例外。用户在正式开始检测之前,应对整套系统进行充分预热,防止因预热不充分产生零漂移现象。

(4)将金属板放置在天线正下方,启动控制软件的标定程序,获取相应参数。

(5)打开控制软件的参数设置界面,根据不同的检测目的,设置采样间隔、时间窗、增益等参数。

3.2 测试步骤

(1)将承载车停在起点,开启安全警示灯,启动软件测试程序,令驾驶员缓慢加速车辆到正常检测速度。

(2)检测过程中,操作人员应记录测试线路所遇到的桥梁、涵洞、隧道等构造物的起终点。

雷达信号受环境干扰时会产生假信号,如果没有现场的详细记录难以正确分辨真假信号。因此,现场检测人员应该详细记录桥梁、涵洞、隧道等结构物，为后续分析提供参考。

(3)当测试车辆到达测试终点后，操作人员停止采集程序。

(4)芯样标定：为了准确反算出路面厚度，必须知道路面材料的介电常数，通常采用在路面上钻芯取样方法以获取路面材料的介电常数。做法是首先令雷达天线在需要标定芯样点的上方采样，然后钻芯，最后将芯样的真实厚度数据输入到计算程序中，反算出路面材料的介电常数或者雷达波在材料中的传播速度；路面材料的介电常数会随集料类型、沥青产地、密度、湿度等而不同。测试过程中应根据实际情况增加芯样钻取数量，以保证测试厚度的准确性。

芯样标定对于数据解析起着重要作用。检测过程中雷达波仅仅记录了层面之间的走时，而不是厚度。必须利用芯样的雷达波数据计算出雷达波在同样材料中的行走速度，从而反算出层间厚度。由于材料的产地不同、配比不同、压实度不同等都会影响到雷达波在沥青面层中的行走速度，因此建议现场检测时，每一个标段都应该至少做一次芯样标定，同时取样间距不宜超过5km。

(5)操作人员检查数据文件，文件应完整，内容应正常，否则应重新测试。

(6)关闭测试系统电源，结束测试。

4 计算

4.1 计算原理：由于地下介质具有不同的介电常数，造成各种介质具有不同的电导性，电导性的差异影响了电磁波的传播速度。一般用下面公式计算电磁波在不同介质中的传播速度。

$$v=\frac{c}{\sqrt{\varepsilon_r}} \tag{T 0913-1}$$

式中：v——电磁波在介质中的传播速度(mm/ns)；

c——电磁波在空气中的传播速度，取 300mm/ns；

ε_r——介质的相对介电常数。

根据雷达波在路面面层中的双程走时以及材料的相对介电常数，用下式确定面层厚度。

$$T=\frac{\Delta t\times c}{2\sqrt{\varepsilon_r}} \tag{T 0913-2}$$

式中：T——面层厚度(mm)；

c——电磁波在空气中的传播速度，取 300mm/ns；

ε_r——相对介电常数；

Δt——雷达波在路面面层中的双程走时时间(ns)。

4.2　路面材料的相对介电常数 ε_r 可以通过路面芯样获得。路面厚度的计算通常先由雷达波识别软件自动识别各层分界线，得到雷达波在各层中的双程走时，然后计算各层厚度。

现场检测数据为雷达波在各层中的双程走时，在计算层厚时必须注意使用的计算时间为检测得到时间的一半。

5　报告

路面厚度测试报告应包括检测路段的厚度平均值、标准差、厚度代表值。

厚度代表值的计算方法参见《公路工程质量检验评定标准　土建工程》(JTG F80/1—2004)附录 H。

T 0914—2008 几何数据测试系统测定路面横坡试验方法

1 目的与适用范围

1.1 本方法适用于各类几何数据测试系统在正常行车条件下连续采集路面的横坡数据。

几何数据测试系统是20世纪90年代后期发展起来的专门用于测量道路线形和路面横、纵坡的自动测量系统。系统内一般安装有陀螺仪和加速度计。国外在调查路况信息时常将几何数据测试系统作为一种辅助仪器。该系统测量路面横坡和纵坡的数据精度较高,能够满足检测的需求。

1.2 本方法的数据采集、传输、记录和数据处理由专用软件自动控制进行。

1.3 本方法适用于新建、改建路面工程质量验收和无严重坑槽、车辙等病害的通车运行路面的横坡评价。

1.4 测试过程中路面应整洁,宜选择风力较小时。

几何数据测试系统都要安装在承载车上,通过试验发现,风对系统测值有直接影响,因此应尽量选择风力较小的时间检测,同时检测时车速不宜过快。

2 仪具与材料技术要求

几何数据测试系统由承载车、数据采集处理系统和距离测量系统组成。

2.1 设备承载车基本技术要求和参数

几何数据测试系统承载车的车身高度不宜超过1.7m，车型满足设备制造商的要求。

风力对承载车体倾斜度有一定的影响，通过试验发现，迎风面积较高的车受风影响较大，不适合作为承载车用。试验表明，车身高度较低的车辆作为承载车效果较好。这里规定的车身高度1.7m是根据试验得到的结果。

2.2 测试系统技术要求和参数

(1)距离标定误差：≤0.1%。

(2)设备工作温度：-10～60℃。

(3)横坡分辨率：≤0.1°。

3 方法与步骤

3.1 准备工作

(1)检查轮胎气压，使气压达到车辆正常使用的轮胎气压。

(2)距离标定：承载车每行驶5 000km或者更换轮胎必须进行距离标定，距离标定长度1 000m，误差0.1%。

距离标定时测得的轮胎气压为工作状态的气压。当工作轮胎气压与距离标定时的气压不一致时应调整轮胎气压，防止距离出现偏差。

(3)将控制面板电源打开，检查各项控制功能键、指示灯和技术参数选择状态。

3.2 测试步骤

(1)打开测试系统，通电预热时间不少于设备操作手册的规定。

(2)每次测试开始前或连续测试长度超过100km后必须按

照设备使用手册规定的方法进行系统偏差标定。

在试验过程中发现几何数据测试系统的误差累积较为明显，为了降低这种影响，建议连续测试长度不超过100km，在场地条件允许的情况下应该进行系统偏差标定。

(3)按照设备操作手册的规定和测试路段的现场技术要求设置完毕所需的测试状态。

(4)驾驶员以恒定加速度加速至测试速度，测试车速宜为30～90km/h。沿正常行车轨迹驶入测试路段。测试过程中承载车应沿车道线匀速行驶，不能超车、变线。

(5)进入测试路段后，测试人员在测试过程中必须及时准确地将测试路段的起终点和其他需要特殊标记的点的位置输入测试数据记录中。

(6)当承载车驶出测试路段后，停车，设备操作人员停止数据采集和记录，并恢复仪器各部分至初始状态。

(7)检查测试数据，内容应正常，否则重新测试。

(8)关闭测试系统电源，结束测试。

4　报告

报告应包括横坡值的平均值、标准差和变异系数。

5 压 实 度

T 0921—2008 挖坑灌砂法测定压实度试验方法

1 目的与适用范围

1.1 本方法适用于在现场测定基层(或底基层)、砂石路面及路基土的各种材料压实层的密度和压实度检测。但不适用于填石路堤等有大孔洞或大孔隙的材料压实层的压实度检测。

本方法系根据JTJ 057—94及JTJ 051—93 T 0111的同类试验方法编写。这些方法基本相同,仅是根据集料的最大粒径及测定层的厚度采用不同大小的灌砂筒及适用的测定对象不同,故合并为一个试验方法。为了与现行《公路工程质量检验评定标准 土建工程》(JTG F80/1)和《公路沥青路面施工技术规范》(JTG F40)一致,适用范围去掉了贯入式和表面处治部分内容。

挖坑灌砂法是施工过程中最常用的试验方法之一。此方法表面上看起来颇为简单,但实际操作时经常掌握不好,引起较大误差,又因为它是测定压实度的依据,所以是质量检测部门与施工单位之间发生矛盾的环节,因此应严格遵循试验规程的每个细节,以提高试验精度。为使试验做得准确,应注意以下几个环节:

(1)量砂要规则,如果重复使用时一定要注意晾干,处理一致，否则影响量砂的松方密度。

(2)每换一次量砂，都必须测定松方密度，灌砂筒下部圆锥体内砂的数量也应该每次重新标定。因此量砂宜事先准备较多数量。切勿到试验时临时找砂，或不进行标定，仅使用以前的数据。

(3)地表面处理要平，只要表面凸出一点（即使 1mm），使整个表面高出一薄层，其体积便算到试坑中去了，将影响试验结果，因此本方法一般宜采用先放上基板测定一次粗糙表面消耗的量砂。只有在非常光滑的情况下方可省去此步骤操作。

1.2　用挖坑灌砂法测定密度和压实度时，应符合下列规定：

(1)当集料的最大粒径小于 13.2mm，测定层的厚度不超过 150mm 时，宜采用 ϕ100mm 的小型灌砂筒测试。

(2)当集料的最大粒径等于或大于 13.2mm，但不大于 31.5mm，测定层的厚度不超过 200mm 时，应用 ϕ150mm 的大型灌砂筒测试。

2　仪具与材料技术要求

本方法需要下列仪具与材料：

(1)灌砂筒：有大小两种，根据需要采用。形式和主要尺寸见图 T 0921 及表 T 0921。当尺寸与表中不一致，但不影响使用时，亦可使用。上部为储砂筒，筒底中心有一个圆孔。下部装一倒置的圆锥形漏斗，漏斗上端开口，直径与储砂筒的圆孔相同，漏斗焊接在一块铁板上，铁板中心有一圆孔与漏斗上开口相接。在储砂筒筒底与漏斗顶端铁板之间设有开关。开关为一薄铁板，一端与筒底及漏斗铁板铰接在一起，另一端伸出筒身外，开关铁板上也有一个相同直径的圆孔。

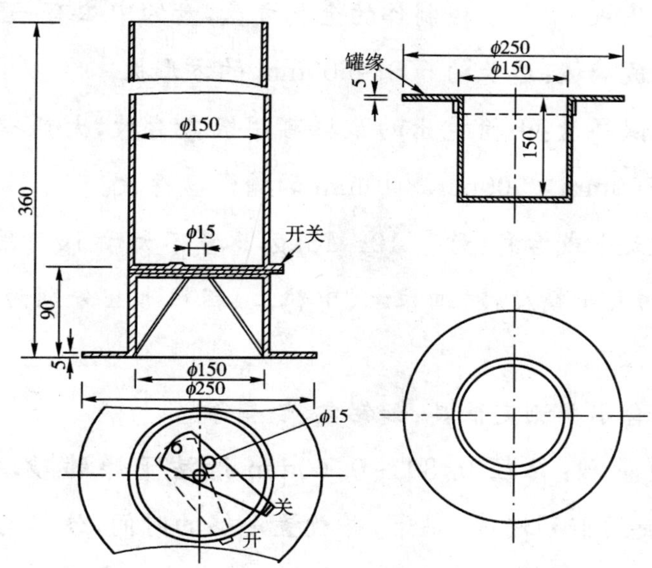

图 T 0921 灌砂筒和标定罐(尺寸单位:mm)

表 T 0921 灌砂仪的主要尺寸要求

结构		小型灌砂筒	大型灌砂筒
储砂筒	直径(mm)	100	150
	容积(cm^3)	2 120	4 600
流砂孔	直径(mm)	10	15
金属标定罐	内径(mm)	100	150
	外径(mm)	150	200
金属方盘基板	边长(mm)	350	400
	深(mm)	40	50
中孔	直径(mm)	100	150

注:如集料的最大粒径超过 31.5mm,则应相应地增大灌砂筒和标定罐的尺寸;如集料的最大粒径超过 53mm,灌砂筒和现场试洞的直径应为 200mm。

(2)金属标定罐:用薄铁板制作的金属罐,上端周围有一罐缘。

(3)基板:用薄铁板制作的金属方盘,盘的中心有一圆孔。

(4)玻璃板:边长约500～600mm的方形板。

(5)试样盘:小筒挖出的试样可用饭盒存放,大筒挖出的试样可用300mm×500mm×40mm的搪瓷盘存放。

(6)天平或台秤:称量10～15kg,感量不大于1g。用于含水率测定的天平精度,对细粒土、中粒土、粗粒土宜分别为0.01g、0.1g、1.0g。

(7)含水率测定器具:如铝盒、烘箱等。

(8)量砂:粒径0.30～0.60mm清洁干燥的砂,约20～40kg。使用前须洗净、烘干,并放置足够的时间,使其与空气的湿度达到平衡。

(9)盛砂的容器:塑料桶等。

(10)其他:凿子、螺丝刀、铁锤、长把勺、长把小簸箕、毛刷等。

3　方法与步骤

3.1　按现行试验方法对检测对象试样用同种材料进行击实试验,得到最大干密度 ρ_c 及最佳含水率。

3.2　按第1.2条的规定选用适宜的灌砂筒。

3.3　按下列步骤标定灌砂筒下部圆锥体内砂的质量:

(1)在灌砂筒筒口高度上,向灌砂筒内装砂至距筒顶的距离15mm左右为止。称取装入筒内砂的质量 m_1,准确至1g。以后每次标定及试验都应该维持装砂高度与质量不变。

(2)将开关打开，使灌砂筒筒底的流砂孔、圆锥形漏斗上端开口圆孔及开关铁板中心的圆孔上下对准重叠在一起，让砂自由流出，并使流出砂的体积与工地所挖试坑内的体积相当(或等于标定罐的容积)，然后关上开关。

(3)不晃动储砂筒的砂，轻轻地将罐砂筒移至玻璃板上，将开关打开，让砂流出，直到筒内砂不再下流时，将开关关上，并细心地取走灌砂筒。

(4)收集并称量留在玻璃板上的砂或称量筒内的砂，准确至1g。玻璃板上的砂就是填满筒下部圆锥体的砂(m_2)。

(5)重复上述测量三次，取其平均值。

3.4　按下列步骤标定量砂的松方密度 ρ_s(g/cm^3)：

(1)用水确定标定罐的容积 V，准确至1mL。

(2)在储砂筒中装入质量为 m_1 的砂，并将灌砂筒放在标定罐上，将开关打开，让砂流出。在整个流砂过程中，不要碰动灌砂筒，直到储砂筒内的砂不再下流时，将开关关闭。取下灌砂筒，称取筒内剩余砂的质量(m_3)，准确至1g。

(3)按式(T 0921-1)计算填满标定罐所需砂的质量 m_a(g)：

$$m_a = m_1 - m_2 - m_3 \qquad \text{(T 0921-1)}$$

式中：m_a——标定罐中砂的质量(g)；

m_1——装入灌砂筒内砂的总质量(g)；

m_2——灌砂筒下部圆锥体内砂的质量(g)；

m_3——灌砂入标定罐后，筒内剩余砂的质量(g)。

(4)重复上述测量三次,取其平均值。

(5)按式(T 0921-2)计算量砂的松方密度 ρ_s(g/cm³):

$$\rho_s = \frac{m_a}{V} \tag{T 0921-2}$$

式中:ρ_s——量砂的松方密度;

V——标定罐的体积(cm³)。

3.5 试验步骤

(1)在试验地点,选一块平坦表面,并将其清扫干净,其面积不得小于基板面积。

(2)将基板放在平坦表面上。当表面的粗糙度较大时,则将盛有量砂(m_5)的灌砂筒放在基板中间的圆孔上。将灌砂筒的开关打开,让砂流入基板的中孔内,直到储砂筒内的砂不再下流时关闭开关。取下灌砂筒,并称量筒内砂的质量 m_6,准确至1g。

(3)取走基板,并将留在试验地点的量砂收回,重新将表面清扫干净。

(4)将基板放回清扫干净的表面上(尽量放在原处),沿基板中孔凿洞(洞的直径与灌砂筒一致)。在凿洞过程中,应注意不使凿出的材料丢失,并随时将凿松的材料取出装入塑料袋中,不使水分蒸发,也可放在大试样盒内。试洞的深度应等于测定层厚度,但不得有下层材料混入,最后将洞内的全部凿松材料取出。对土基或基层,为防止试样盘内材料的水分蒸发,可分几次称取材料的质量,全部取出材料的总质量为 m_w,准确至1g。

注:当需要检测厚度时,应先测量厚度后再进行这一步骤。

(5)从挖出的全部材料中取有代表性的样品,放在铝盒或洁净的搪瓷盘中，测定其含水率(w，以%计)。样品的数量如下：用小型灌砂筒测定时，对于细粒土，不少于100g；对于各种中粒土，不少于500g。用大型灌砂筒测定时，对于细粒土，不少于200g；对于各种中粒土，不少于1 000g；对于粗粒土或水泥、石灰、粉煤灰等无机结合料稳定材料，宜将取出的全部材料烘干，且不少于2 000g，称其质量m_d。

(6)将基板安放在试坑上，将灌砂筒安放在基板中间(储砂筒内放满砂到要求质量m_1)，使灌砂筒的下口对准基板的中孔及试洞，打开灌砂筒的开关，让砂流入试坑内。在此期间，应注意勿碰动灌砂筒。直到储砂筒内的砂不再下流时，关闭开关。仔细取走灌砂筒，并称量筒内剩余砂的质量m_4，准确至1g。

(7)如清扫干净的平坦表面的粗糙度不大，也可省去(2)和(3)的操作。在试洞挖好后，将灌砂筒直接对准放在试坑上，中间不需要放基板。打开筒的开关，让砂流入试坑内。在此期间，应注意勿碰动灌砂筒。直到储砂筒内的砂不再下流时，关闭开关。仔细取走灌砂筒，并称量剩余砂的质量(m'_4)，准确至1g。

(8)仔细取出试筒内的量砂，以备下次试验时再用。若量砂的湿度已发生变化或量砂中混有杂质，则应该重新烘干、过筛，并放置一段时间，使其与空气的湿度达到平衡后再用。

4　计算

4.1　按式(T 0921-3)或式(T 0921-4)计算填满试坑所用的砂的质量m_b(g)：

灌砂时，试坑上放有基板：

$$m_b = m_1 - m_4 - (m_5 - m_6) \quad (T\ 0921\text{-}3)$$

灌砂时，试坑上不放基板：

$$m_b = m_1 - m'_4 - m_2 \quad (T\ 0921\text{-}4)$$

式中：m_b——填满试坑的砂的质量(g)；

m_1——灌砂前灌砂筒内砂的质量(g)；

m_2——灌砂筒下部圆锥体内砂的质量(g)；

m_4、m'_4——灌砂后，灌砂筒内剩余砂的质量(g)；

$(m_5 - m_6)$——灌砂筒下部圆锥体内及基板和粗糙表面间砂的合计质量(g)。

4.2 按式(T 0921-5)计算试坑材料的湿密度 ρ_w(g/cm³)：

$$\rho_w = \frac{m_w}{m_b} \times \rho_s \quad (T\ 0921\text{-}5)$$

式中：m_w——试坑中取出的全部材料的质量(g)；

ρ_s——量砂的松方密度(g/cm³)。

4.3 按式(T 0921-6)计算试坑材料的干密度 ρ_d(g/cm³)：

$$\rho_d = \frac{\rho_w}{1 + 0.01w} \quad (T\ 0921\text{-}6)$$

式中：w——试坑材料的含水率(%)。

4.4 当为水泥、石灰、粉煤灰等无机结合料稳定土的场合，可按式(T 0921-7)计算干密度 ρ_d(g/cm³)。

$$\rho_d = \frac{m_d}{m_b} \times \rho_s \quad (T\ 0921\text{-}7)$$

式中：m_d——试坑中取出的稳定土的烘干质量(g)。

4.5 按式(T 0921-8)计算施工压实度

$$K = \frac{\rho_d}{\rho_c} \times 100 \tag{T 0921-8}$$

式中：K——测试地点的施工压实度(%)；

ρ_d——试样的干密度(g/cm^3)；

ρ_c——由击实试验得到的试样的最大干密度(g/cm^3)。

注：当试坑材料组成与击实试验的材料有较大差异时，可以试坑材料做标准击实，求取实际的最大干密度。

5 报告

各种材料的干密度均应准确至0.01g/cm^3。

T 0922—2008 核子密湿度仪测定压实度试验方法

1 目的与适用范围

1.1 本方法适用于现场用核子密湿度仪以散射法或直接透射法测定路基或路面材料的密度和含水率，并计算施工压实度。

核子密湿度仪(以下简称核子仪)检测技术在国际上已经广泛应用了近四十年，对世界各地的高速公路等土木工程的质量控制和保障施工速度起到了重要作用。目前核子法检测技术经过长期的应用和发展，已经成为一个包括反射和透射两种基本检测方法，包括常规、沟槽和薄层三种检测模式，仪器类型分为浅层核子仪、双杆分层核子仪和深层核子仪的完整的技术体系。对于土壤、岩石、沥青混凝土和水泥混凝土等各种材料，国际上尤其是美国经过大量的研究和应用实践，总结出了丰富和实用的应用经验和使用方法。然而，在我国的道路建设领域，由于长期缺乏实际应用和系统的试验研究，大多数工程技术人员基本上不了解核子法检测技术。而对核子法检测技术有所了解的人员，对其检测原理、检测取样的位置、检定的作用以及仪器操作是否安全等方面也存在普遍的误解。在这种情况下，核子法检测技术将难以得到有效的应用，不能对提高工程质量和加快施工速度发挥应有的作用。通过本书的介绍，将国际上的应用状况和成熟的使用经验进行概要的介绍，对帮助大家快速掌握正确的应用方法，具有重要的意义。

1.2　核子密湿度仪是现场检测压实度较常用的一种方法，仪器按规定方法标定后，其检测结果可作为工程质量评定与验收的依据。本方法可检测土壤、碎石、土石混合物、沥青混合料和非硬化水泥混凝土等材料。

核子仪可以适用于检测所有类型的土木材料。ASTM 国际标准将核子仪对土—土石混合物、沥青混合料和水泥混凝土的检测分别编写在不同的标准中，但这主要是因为不同类型的建筑材料的检测标准在 ASTM 国际组织中属于不同的专业委员会管辖。其实对于核子仪来说，对不同类型的材料，基本检测方法没有根本的区别，所以本检测规程认为没有必要将核子法对不同类型材料的检测编写在不同的检测方法中。

核子仪是国外用于现场控制压实度最常用的仪器，随着国内各种新规范的实施，用核子仪测定路基路面材料的密度、含水率的检测方法已得到广泛的应用。为了保证其测试数据的可靠性，使原方法更加规范，本次修订参照了 2005 年版的 ASTM D2950-05，主要强调了检测过程中的干扰因素以及对仪器使用时间的标定等问题。目前国内使用的核子仪主要是进口的，但是也有国产的仪器。各产品的性能大同小异。为确保压实度的真实性，本次最大的修订是统一了选用标准密度的方法，要求标准密度按照《公路沥青路面施工技术规范》(JTG F40—2004)附录 E 的规定选用。

由于核子仪有使用方便、快速的优点，现在广泛用于工地的施工质量控制及快速评定，但由于受测定层温度及多种环境因素的影响，其测定值的波动性较大，规定检测时必须经常标定，尤其是与试验段测定时的条件一致，对纹理较大的路面必须用细砂填平，每次测定以 13 个测点的平均值作为一个数据。检测精度参照有关规范的要求执行。

由于目前使用的核子仪型号较多，操作步骤有所不同，具体步骤可按照各自的使用说明书进行。根据仪器的功能、应用的要求以及测量深度的不同，最常用的核子仪主要有以下两种类型。

(1)浅层核子仪

通常是指测量深度为 30cm 的核子密度测试仪，如 MC-3C 型和 MC-4C 型核子仪，也是在公路、铁路等施工中应用最常见的核子仪。

(2)中层核子仪(双杆核子仪)

中层核子仪测量深度为 60～90cm，如 MC-S-24 和MC-S-36

型核子仪。中层核子仪的放射源和检测器分别放置于两根不同的探杆的端部，沿水平层面逐层检测被压实材料，一般应用于压实层较厚的情况，特别适用于碾压混凝(RCC)工程项目的压实检测。

以上两种核子仪都是用于检测材料的密度和湿度的，工作原理基本一样。但是使用方法和适宜的检测范围不相同。

1.3　本方法属非破坏性检测，允许对同一个测试位置进行重复测试，并监测密度和压实度的变化，以确定合适的碾压方法，达到所要求的压实度。

除了检测密度和水分两个基本的功能以外，核子法的非破坏性允许对同一个检测位置在两次碾压之间进行重复检测，可以准确监测碾压遍数、不同的碾压功和施工工艺对材料的密度和压实度造成的变化。核子法可以在短时间内获得大量的检测数据，对检测数据的统计分析可以帮助技术人员快速确定材料的碾压效果与材料的配合比、施工方法和环境等因素之间的关系。所以本检测方法不但适用于施工质量控制，还可以作为工程质量验收的依据。

2　干扰因素

(1)核子密湿度仪对靠近表层材料的密度最为敏感，当测试材料的表面与仪器底部之间存在空隙时，测试结果可能存在表面偏差(仅对散射法)。如果采用直接透射法测试，表面偏差不明显。

(2)材料的粒度、级配、均匀度以及组成成分等因素对密度的测试结果影响较小。但是对一些含有结晶水或有机物的材料如高岭土、云母、石膏、石灰等可能会对水分的测试有明显的影响，检测时需要与其他可靠的方法进行对比，对测试结果进行调整。

(3)对刚铺筑完的热沥青混合料路面标测时，仪器不能长时间放置在路面上，测试完成后仪器应该从路面上移走冷却，避免影响测试结果。

(4)测量进行时，在周围 10m 之内不能存在其他核子仪和任何其他放射源。

3　仪器的标定

(1)每 12 个月以内要对核子密湿度仪进行一次标定。标定可以由仪器生产厂家或独立的有资质的服务机构进行。

(2)对新出厂的仪器事先已经标定过的，可以不标定。对现存仪器如果经过维修后，可能影响仪器的结构，必须进行新的标定后才能使用。现存仪器如果在标定核实过程中被发现不能满足规定的限值，也必须重新标定。

(3)标定后的仪器密度(或含水率)值应达到要求，所有标定块上的每一测试深度上的标定响应应该在$\pm16kg/m^3$。

(1)什么是核子密度仪的标定

早期的核子仪是一种间接的密度和湿度检测技术。检测人员得到的检测结果还不是材料的实际密度值和湿度值，而是需要事先把一些射线计数率与其他密度和湿度检测方法的结果进行对比，计算出两者的相关关系，以用于推算射线计数率代表的实际密度和湿度值。这样每获得一个检测结果都要花费很多的时间用于查表和计算，而且用于对比试验的检测结果也并不一定准确可靠。

标定是核子法检测技术发展到现阶段的一种技术。简略地说，标定过程就是将仪器在一系列密度和湿度已知的标准材料块（标定块）（图5-1）上进行检测，在每一块标定块上，在每一个检测深度上确立标准密度值和湿度值与射线计数率之间的对应关系，并在仪器的内存中保存这种关系。在坐标图上，标定关系表现为一条条的标定曲线。仪器的微处理器在收到射线计数率后，通过标定关系和计算程序将之换算成单位为g/cm^{3}的实际密度值和湿度值，并直接显示在屏幕上。标定使核子仪从一种间接的检测方法变成可以直接准确地检测密度和湿度的新技术，从而大大简化和减少了现场技术人员的工作量，并有效地提高了核子仪检测结果的准确度和可靠性，极大地促进了核子法检测技术的应用和发展。

图5-1　标定块

（2）仪器标定的频率和需要达到的标准

每台仪器的放射源的活度和探测器的探测效率等都不是完全一样的，所以每台仪器的标定关系只适用于本台仪器。同位素的衰减、主要配件的更换等因素等都有可能影响射线计数与检测结果的关系。所以每一台仪器的标定关系都不是一成不变的，一般每隔一年，最多两年就要重新建立标定关系（图 5-2）。

图 5-2　核子密度仪标定

仪器的标定可以由仪器生产厂家提供，也可以由有资质的机构进行。用户必须非常小心地选择仪器检定机构，必须确认检定机构拥有必要的资质、合格的检定块和符合要求的检定设施。检定机构完成仪器检定后必须向用户出具包含所有检定参数的检定证书。仪器完成标定后，核子仪在标准材料块上的检测结果不超出标准密度值（或含水率值）$\pm 16kg/m^3$。

4　仪具与材料技术要求

本方法需要下列仪具与材料：

（1）核子密湿度仪：符合国家规定的关于健康保护和安全使用标准，密度的测定范围为 $1.12 \sim 2.73g/cm^3$，测定误差不大于 $\pm 0.03g/cm^3$；含水率测量范围为 $0 \sim 0.64g/cm^3$，测定误差不大于 $\pm 0.015g/cm^3$。它主要包括下列部件：

①γ射线源：双层密封的同位素放射源，如铯—137、钴—60或镭—226等。

②中子源：如镅(241)—铍等。

③探测器：γ射线探测器，如G—M计数管；热中子探测器，如氦—3管。

④读数显示设备：如液晶显示器、脉冲计数器、数率表或直接读数表。

⑤标准计数块：密度和含氢量都均匀不变的材料块，用于标验仪器运行状况和提供射线计数的参考标准。

⑥钻杆：用于打测试孔以便插入探测杆。

⑦安全防护设备：符合国家规定要求的设备。

⑧刮平板、钻杆、接线等。

(2)细砂：0.15～0.3mm。

(3)天平或台秤。

(4)其他：毛刷等。

5　方法与步骤

5.1　本方法用于测定沥青混合料面层的压实密度或硬化水泥混凝土等难以打孔材料的密度时宜使用散射法；用于测定土基、基层材料或非硬化水泥混凝土等可以打孔材料的密度及含水率时，应使用直接透射法。

5.2　在表面用散射法测定时，所测定沥青面层的层厚应根据仪器的性能决定最大厚度。用于测定土基或基层材料的压实密度及含水率时，打洞后用直接透射法所测定的层厚不宜大于

30cm。

5.3 准备工作

(1)每天使用前或者对测试结果有怀疑的时候,按下列步骤用标准计数块测定仪器的标准值:

①进行标准值测定时的地点至少离开其他放射源 10m 的距离,地面必须经压实而且平整。

②接通电源,按照仪器使用说明书建议的预热时间,预热测定仪。

③在测定前,应检查仪器性能是否正常。将仪器在标准计数块上放置平稳,按照仪器使用说明书的要求进行标准化计数并判断仪器标准化计数值必须符合要求。如标准化计数值超过规定的限值时,应确认标准计数的方法和环境是否符合要求,并重复进行标准化计数;若第二次标准化计数值仍超出规定的限界时,需视作故障并进行仪器检查。

(2)在进行沥青混合料压实层密度测定前,应用核子密湿度仪与钻孔取样的试件进行标定;测定其他材料密度时,宜与挖坑灌砂法的结果进行标定。标定的步骤如下:

①选择压实的路表面,与试验段测定时的条件一致,对纹理较大的路面必须用细砂填平,然后将仪器放置在测试点上转动几下,或者在测试点上用刮平板平刮几下,以达到测试条件。按要求的测定步骤用核子密湿度仪测定密度,读数。

②在测定的同一位置用钻机钻孔法或挖坑灌砂法取样,量测厚度,按相关规范规定的标准方法测定材料的密度。

③对同一种路面厚度及材料类型，在使用前至少测定15处，求取两种不同方法测定的密度的相关关系，其相关系数 R 应不小于0.95。

(3)测试位置的选择。

①按照附录A的方法确定测试位置，但距路面边缘或其他物体的最小距离不得小于30cm。核子密湿度仪距其他放射源的距离不得少于10m。

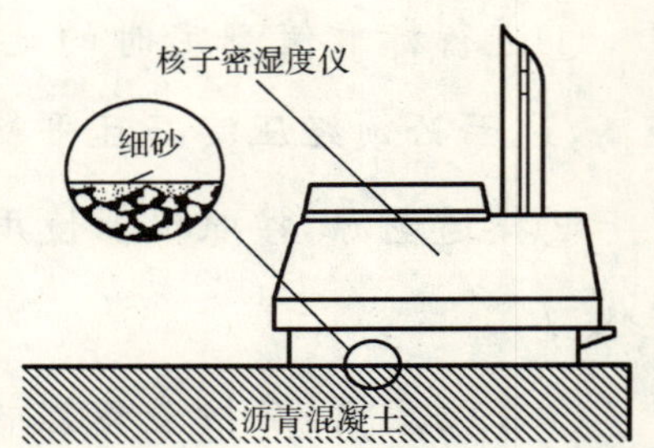

图T 0922-1 用细砂填平测试位置的方法图

②当用散射法测定时，应按图T 0922-1的方法用细砂填平测试位置路表结构凹凸不平的空隙，使路表面平整，能与仪器紧密接触。

③当使用直接透射法测定时，应按图T 0922-2的方法用导板和钻杆打孔，在拟测试材料的表面打一个垂直的测试孔，测试孔要做到插进探测杆后仪器在测点表面上不倾斜为准。孔深必须大于探测杆达到的测试深度。再按图T 0922-2的方法将探

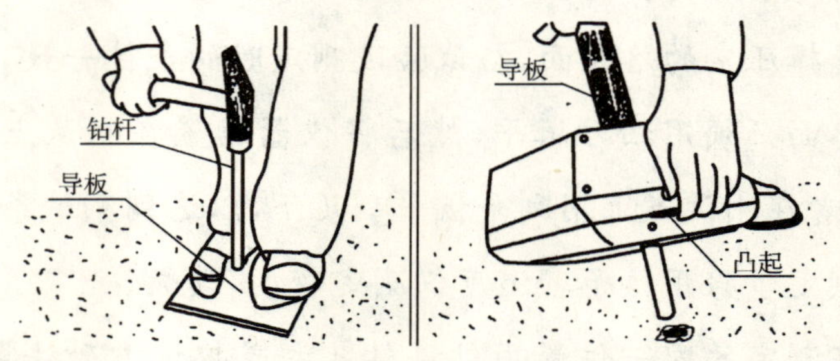

图T 0922-2 在路表面上打孔的方法

测杆放下插入已打好的测试孔内，前后或左右移动仪器，使之安放稳固。

(4)按照规定的时间，预热仪器。

5.4　测试步骤

(1)如用散射法测定沥青混合料压实层密度时，应按图T 0922-3的方法将核子仪平稳地置于测试位置上。测点应随机选择，测定温度应与试验段测定时一致，一组不少于13点，取平均值。检测精度通过试验路段与钻孔试件比较评定。

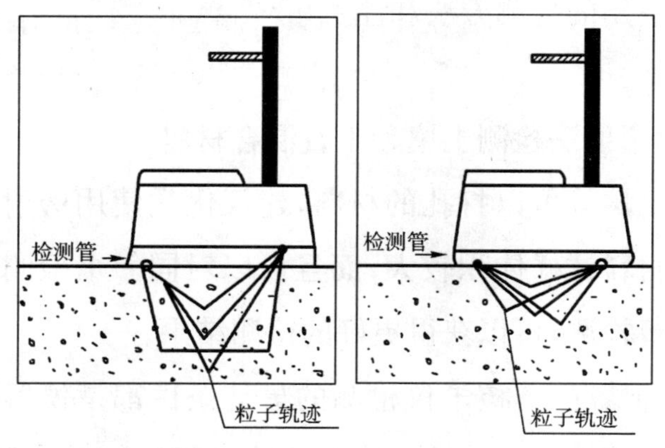

图T 0922-3　用散射法测定的方法

(2)如用直接透射法测定时，应按图T 0922-4的方法将放射源棒放下插入已预先打好的孔内。

(3)打开仪器，测试员退至距仪器2m以外，按照选定的测定时间进行测量，到达测定时间后，读取显示的各项数值，并迅速关机。

注：有关各种型号的仪器在具体操作步骤上略有不同，可按照仪器使用说明书进行。

密度检测和水分检测的检测原理不同，检测时试样位置和体积也不完全一样，在实际检测时有不同的注意事项。核子仪的反射法和透射法也有不同的特点，仪器的各种检测模式适用于不同的检测条件。以下根据不同类型的建筑材料的特点和不同的检测环境，将核子仪一般情况下适用的检测方法和注意事项叙述如下。

图 T 0922-4　用直接透射法测定的方法

(1)用透射法检测土壤和土石混合材料

对于土壤等可以打孔的材料，建议优先使用透射法。透射法检测的材料试样体积较大，而且可以对同一个检测点在不同的深度进行检测，可以获得更好的检测结果。

在各种情况下，核子仪检测的最佳条件都是仪器的底部同被测材料的表面完全接触。被检测材料表面必须平整。检测土壤时，可以用工具刨或刮出一个水平的检测表面，有时依靠刮平机等机械的协助可以快速获得理想的检测面。对于道路基层材料，可以在检测点上用导板或刮平板平刮或拍打几下，使检测点表面平整，仪器放置在检测点上以后，可以试着将仪器转动几下，确认仪器平稳而不会在任何方向上翘。

如果检测点有表面浮土，应该去除，以避免湿度检测时产生表面干燥误差。对于刚刚洒水的材料，应确认表层材料的水分含量是否能够代表所有的被测材料层。因为水分检测的深度是固定的，核子仪总是检测地表至地下约 15cm 材料的水分含量。

仪器并不要求一定要水平放置，只要检测面平整，检测就可以准确进行。

检测土壤和土石混合物时，由于施工和材料组成等原因，被测材料有时不均匀，如果检测射线经过的部位含有过大的岩石或空洞，仪器的检测结果将偏高或偏低。出现这种情况时，可以挖开被检测部位进行观察，确定该点检测数值能否代表总的施工材料。

对于不均匀的材料，单个检测点的检测结果的代表性相对于均匀的材料要差一些。核子仪检测不均匀材料时，检测结果波动比较大，但这是对材料实际情况的反映。为了增大每个检测结果的代表性，可以在同一个检测地点将核子仪围绕检测孔每旋转 90°进行一次检测，将所有的检测结果的平均值作为这个检测点的检测数据。

用透射法进行检测时，仪器的探杆插入检测孔后，应将仪器轻轻推动使探杆紧靠仪器中心的那一侧的孔壁上。被检测的材料主体位于仪器的正下方，如果探杆和靠近仪器中心的那一侧的孔壁之间存在空隙，将产生检测误差。

(2)水泥混凝土检测

检测各种水泥混凝土时，透射法和反射法都可以使用。对于已经凝固的混凝土使用反射法，对于还没有凝固的混凝土，优先使用透射法。检测结果可能受水泥混凝土中加固用的钢筋的影响。仪器操作人员在检测过程中通过选择检测地点等控制措施，可以将这些影响减小到最小程度。

碾压混凝土(RCC)工程的施工现场，环境湿度总是很高的，使用仪器时应特别注意防潮。检测 RCC 材料，国际上一般认为双杆分层核子仪更加适用。

(3)反射法检测沥青混合料

沥青混合料不含水分，读取仪器检测结果时可只读取总密度。使用反射法时，检测地点的表面平整度对仪器检测的影响比透射法更大一些。如果检测地点不平整或有大的空隙，应使用当地的细沙填平检测表面。沙子不能填在检测面的高点，这样反而会将仪器顶离表面而产生检测误差。

核子仪的反射法包括 BS 常规反射法(Back Scatter)和 AC 沥青面层专用反射法(Asphalt Concrete)两种。其典型的检测厚度分别约为 7cm 和 5cm，分别适用于较厚和较薄的面层材料检测。

如果沥青面层厚度小于 5cm，射线会穿透被检测层，进入其他面层，使用常规的检测模式进行检测时，检测结果将受到其他面层材料密度的影响。所以检测薄层材料必须使用有薄层检测模式的仪器进行。

如果沥青混合料使用细级配的集料，材料的表面比较致密，核子仪与取芯法的检测结果往往比较接近。然而当沥青混合料使用粗级配的集料时，核子仪与取芯法的检测结果往往有一定的差距。对这种现象目前国内外都还没有统一的看法。一种观点认为粗级配混合料的表面粗糙度对核子仪检测结果产生影响,使之偏小。另外一种观点认为,对粗级配混合料取芯时,较多的水分进入试样中,导致试样密度检测时结果偏大。为了缩小核子法与取芯法检测粗级配沥青混合料结果的差距,目前通常的做法是使用核子仪进行检测前用细沙铺平检测点表面,这种方法是比较可行的。

(4)正确获取对比试验取样的方法

对比试验不是对核子仪检定的代替,而是因为被检测材料的特殊性对仪器检测结果造成影响而需要进行的调整,正确地进行对比试验,要求用于对比的检测方法适用于被检测材料,正确地获取对比试样,而且核子仪也必须经过合格的检定。

以图 5-3 举例说明核子仪的密度检测区域和正确获取对比试验取样的方法。

根据 ASTM 国际标准 D6938 等规定,如果检测深度为 15cm,采用直接透射法时,被检测材料试样的体积约为 0.005 7m^3。图 5-3 中粗斜线区域为核子仪检测密度时被检测区域的剖面图。若要从被检测材料中获取试样用于与其他检测方法做比较,试样的取得方法是:从放射源和探

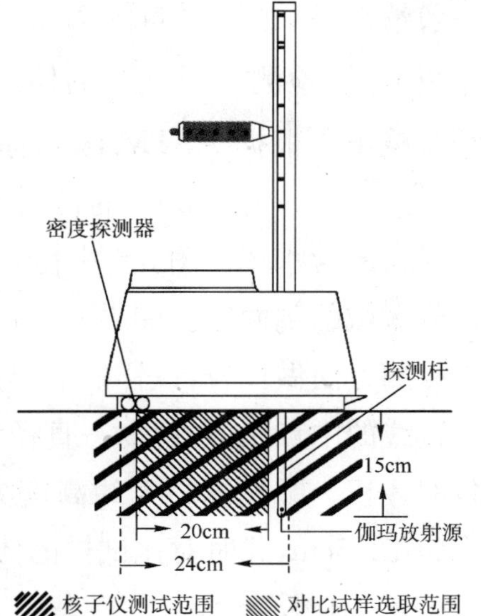

图 5-3

测器之间的连线的中点正下方，取一直径为200mm的圆柱体作为对比试样材料的体积。圆柱体的高度，如果使用的是直接透射法，可以等于探测杆的深度；用反向散射法检测，圆柱体的高度为75mm。

以图5-4举例说明核子仪的湿度检测区域和正确获取对比试验试样取样的方法。

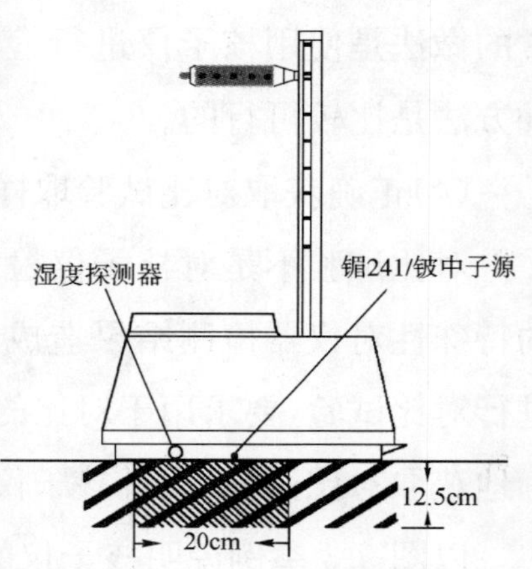

图 5-4

最靠近表面的材料含有的水分对仪器的检测有很大的影响。被检测的土壤和岩石的试样体积不是固定的，随被测材料的含水率而变化。一般情况下，被测材料的含水率越大，被检测材料试样的体积就越小。根据ASTM国际标准D6938等规定，当含水率为160kg/m^{3}时，大约50％的检测结果来自距表面0～75mm的被测材料的含水率。图5-4中粗斜线区域为核子仪检测水分时被检测区域的剖面图。如果要从被检测材料中获取试样用于与其他检测方法做比较，试样的取得方法是：从放射源和探测器之间的连线的中点正下方，取一直径为200mm的圆柱体作为被测材料的体积。圆柱体的大约高度为：如果含水率为320kg/m^3，高度为12.5cm，此时对比试样的体积为0.003 9m^3。

6　计算

按式(T 0922-1)、式(T 0922-2)计算施工干密度及压实度。

$$\rho_d = \frac{\rho_w}{1+w} \tag{T 0922-1}$$

$$K = \frac{\rho_d}{\rho_c} \times 100 \tag{T 0922-2}$$

式中：K——测试地点的施工压实度(%)；

w——含水率，以小数表示；

ρ_w——试样的湿密度(g/cm^3)；

ρ_d——由核子密湿度仪测定的压实沥青混合料的实际密度(g/cm^3)，一组不少于13个点，取平均值；

ρ_c——沥青混合料的标准密度(g/cm^3)，按照《公路沥青路面施工技术规范》(JTG F40—2004)附录E的规定选用。

7 报告

测定路面密度及压实度的同时，应同时记录温度、材料类型、路面的结构层厚度及测试深度等数据和资料。

8 使用安全注意事项

8.1 仪器工作时，所有人员均应退至距离仪器2m以外的地方。

8.2 仪器不使用时，应将手柄置于安全位置，仪器应装入专用的仪器箱内，放置在符合核辐射安全规定的地方。

8.3 仪器应由经有关部门审查合格的专人保管，专人使用。从事仪器保管及使用的人员，应符合有关核辐射检测的有关规定。

所有核子仪使用的都是双层不锈钢密封源，密封源被放入仪器中可以隔绝射线。通过专门的设计，核子仪的表面剂量率远低于操作人员或是公众需要进行安全防护的水平，操作人员不需要配备任何附加的防护衣服。

使用核子仪的工作人员，可以通过使用辐射量剂量探测器或佩戴辐射计量胶片等随身设备，了解自己所接受到的辐射量。由于工作人员接受的辐射量通常很少，所以此类设备通常不是必需的，但是购买和佩戴都非常方便。

国际辐射防护委员会(ICRP)规定，职业工人每年接受的辐射量不能超过 5rem(雷姆)，合每个季度的限值为 1 250mrem(毫雷姆)，以每年 50 个工作周计算，合每周限值为 100mrem。使用核子仪的人员所接受到的辐射量被限定在每季度 1.25rem(1 250mrem)以内。尽管在使用核子仪时总会有一定量的辐射，实际工作中，一般核子仪使用者的年平均辐射量约为 100mrem，合每个季度 25mrem，远远小于 ICRP 和我国环保机构设置的辐射安全限值。

T 0923—1995　环刀法测定压实度试验方法

1　目的与适用范围

1.1　本方法规定在公路工程现场用环刀法测定土基及路面材料的密度及压实度。

原规程是参照《公路土工试验规程》编写的，本规程修订时《公路土工试验规程》已修订出版，对本试验方法没有做修改，所以本方法不变。

1.2 本方法适用于测定细粒土及无机结合料稳定细粒土的密度。但对无机结合料稳定细粒土，其龄期不宜超过 2d，且宜用于施工过程中的压实度检验。

2 仪具与材料技术要求

本方法需要下列仪具与材料：

(1)人工取土器：如图 T 0923-1所示，包括环刀、环盖、定向筒和击实锤系统(导杆、落锤、手柄)。环刀内径6～8cm，高 2～3cm，壁厚 1.5～2mm。

(2)电动取土器：如图 T 0923-2所示。由底座、行走轮、立柱、齿轮箱、升降机构、取芯头等组成。

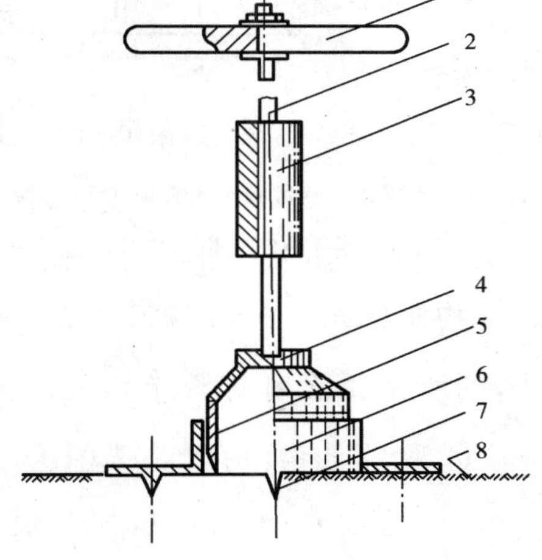

图 T 0923-1 人工取土器

1-手柄；2-导杆；3-落锤；4-环盖；5-环刀；6-定向筒；7-定向筒齿钉；8-试验地面

①底座：由底座平台(16)、定位销(15)、行走轮(14)组成。平台是整个仪器的支撑基础；定位销供操作时仪器定位用；行走轮供换点取芯时仪器近距离移动用，当定位时四只轮子可扳起离开地表。

②立柱：由立柱(1)与立柱套(11)组成，装在底座平台上，作为升降机构、取芯机构、动力和传动机构的支架。

③升降机构：由升降手轮(9)、锁紧手柄(8)组成，供调整取

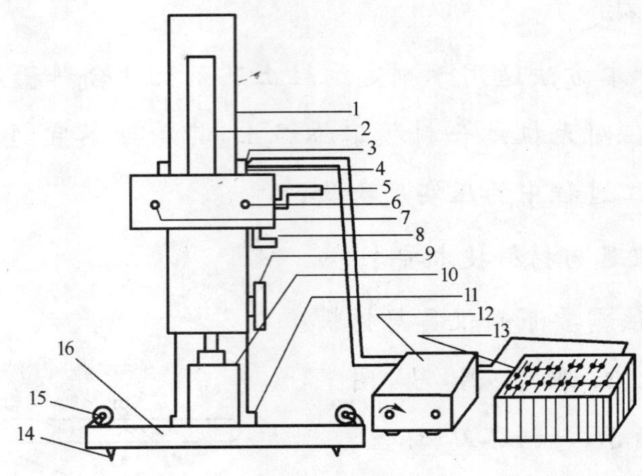

图 T 0923-2 电动取土器

1-立柱；2-升降轴；3-电源输入；4-直流电机；5-升降手柄；6、7-电源指示；8-锁紧手柄；9-升降手轮；10-取芯头；11-立柱套；12-调速器；13-蓄电池；14-定位销；15-行走轮；16-底座平台

芯机构高低用。松开锁紧手柄，转动升降手轮，取芯机构即可升降，到所需位置时拧紧手柄定位。

④取芯机构：由取芯头(10)、升降轴(2)组成，取芯头为金属圆筒，下口对称焊接两个合金钢切削刀头，上端面焊有平盖，其上焊螺母，靠螺旋接于升降轴上。取芯头有三种规格，即 50mm×50mm、70mm×70mm、100mm×100mm，取芯头为可换式。另配有相应的取芯套筒、扳手、铝盒等。

⑤动力和传动机构：主要由直流电机(4)、调速器(12)、齿轮箱组成，另配蓄电池和充电器。当电机工作时，通过齿轮箱的齿轮将动力传给取芯机构，升降轴旋转，取芯头进入旋切工作状态。

⑥电动取土器主要技术参数为：

工作电压 DC24V(36A·h)；

转速 50～70r/min,无级调速；

整机质量约 35kg。

(3)天平:感量 0.1g(用于取芯头内径小于 70mm 样品的称量),或 1.0g(用于取芯头内径 100mm 样品的称量)。

(4)其他:镐、小铁锹、修土刀、毛刷、直尺、钢丝锯、凡士林、木板及测定含水率设备等。

3 方法与步骤

3.1 按有关试验方法对检测对象试样用同种材料进行击实试验,得到最大干密度及最佳含水率。

3.2 用人工取土器测定黏性土及无机结合料稳定细粒土密度的步骤:

(1)擦净环刀,称取环刀质量 m_2,准确至 0.1g。

(2)在试验地点,将面积约 30cm×30cm 的地面清扫干净,并将压实层铲去表面浮动及不平整的部分,达一定深度,使环刀打下后,能达到要求的取土深度,但不得将下层扰动。

(3)将定向筒齿钉固定于铲平的地面上。顺次将环刀、环盖放入定向筒内与地面垂直。

(4)将导杆保持垂直状态,用取土器落锤将环刀打入压实层中,至环盖顶面与定向筒上口齐平为止。

(5)去掉击实锤和定向筒,用镐将环刀及试样挖出。

(6)轻轻取下环盖,用修土刀自边至中削去环刀两端余土,用直尺检测。直至修平为止。

(7)擦净环刀外壁,用天平称取出环刀及试样合计质量 m_1,

准确至0.1g。

(8)自环刀中取出试样，取具有代表性的试样，测定其含水率w。

3.3　用人工取土器测定砂性土或砂层密度的步骤：

(1)如为湿润的砂土，试验时不需使用击实锤和定向筒，在铲平的地面上，细心挖出一个直径较环刀外径略大的砂土柱，将环刀刃口向下，平置于砂土柱上，用两手平稳地将环刀垂直压下，直至砂土柱突出环刀上端约2cm时为止。

(2)削掉环刀口上的多余砂土，并用直尺刮平。

(3)在环刀上口盖一块平滑的木板，一手按住木板，另一手用小铁锹将试样从环刀底部切断，然后将装满试样的环刀反转过来，削去环刀刃口上部的多余砂土，并用直尺刮平。

(4)擦净环刀外壁，称环刀与试样合计质量(m_1)，准确至0.1g。

(5)自环刀中取具有代表性的试样测定其含水率w。

(6)干燥的砂土不能挖成砂土柱时，可直接将环刀压入或打入土中。

3.4　用电动取土器测定无机结合料细粒土和硬塑土密度的步骤：

(1)装上所需规格的取芯头。在施工现场取芯前，选择一块平整的路段，将四只行走轮打起，四根定位销钉采用人工加压的方法，压入路基土层中。松开锁紧手柄，旋动升降手轮，使取芯头刚好与土层接触，锁紧手柄。

(2)将蓄电池与调速器接通，调速器的输出端接入取芯机电源插口。指示灯亮，显示电路已通；启动开关，电动机工作，带动取芯机构转动。根据土层含水率调节转速，操作升降手柄，上提取芯机构，停机，移开机器。由于取芯头圆筒外表有几条螺旋状突起，切下的土屑排在筒外顺螺纹上旋抛出地表，因此，将取芯套筒套在切削好的土芯立柱上，摇动即可取出样品。

(3)取出样品，立即按取芯套筒长度用修土刀或钢丝锯修平两端制成所需规格土芯，如拟进行其他试验项目，装入铝盒，送试验室备用。

(4)用天平称量土芯带套筒质量 m_1，从土芯中心部分取试样测定含水率 w。

3.5　本试验须进行两次平行测定，其平行差值不得大于 0.03g/cm^3。求其算术平均值。

4　计算

4.1　按式(T 0923-1)、式(T 0923-2)计算试样的湿密度及干密度。

$$\rho = \frac{4 \times (m_1 - m_2)}{\pi \cdot d^2 \cdot h} \qquad (\text{T 0923-1})$$

$$\rho_d = \frac{\rho}{1 + 0.01w} \qquad (\text{T 0923-2})$$

式中：ρ——试样的湿密度(g/cm^3)；

ρ_d——试样的干密度(g/cm^3)；

m_1——环刀或取芯套筒与试样合计质量(g)；

m_2——环刀或取芯套筒质量(g)；

d——环刀或取芯套筒直径(cm)；

h——环刀或取芯套筒高度(cm)；

w——试样的含水率(%)。

4.2　按式(T 0923—3)计算施工压实度。

$$K=\frac{\rho_{d}}{\rho_{c}}\times 100 \tag{T 0923-3}$$

式中：K——测试地点的施工压实度(%)；

ρ_d——试样的干密度(g/cm^3)；

ρ_c——由击实试验得到的试样的最大干密度(g/cm^3)。

5　报告

试验应报告土的鉴别分类、含水率、湿密度、干密度、最大干密度、压实度等。

T 0924—2008　钻芯法测定沥青面层压实度试验方法

1　目的与适用范围

1.1　沥青混合料面层的压实度是按施工规范规定的方法测定的混合料试样的毛体积密度与标准密度之比值，以百分率表示。

压实度是施工质量管理最为重要的指标之一，沥青路面的成败与否，压实是最重要的工序。本方法根据国内实践经验，并参照《公路沥青路面施工技术规范》(JTG F40—2004)对钻芯法测压实度的要求，对本方法进行了修订。

压实度的大小取决于实测的压实密度，同样也与标准密度的大小有关。但原来对标准密度的规定并不统一，有些工程在压实度达不到要求时便重新进行马歇尔试验，调整标准密度，只要把标准密度做小一些，压实度马上就高了，如果再把不合格的数据随意舍弃，那么钻孔试件的压实度数据将失去价值。这样实际上是弄虚作假。为防止这种情况，本方法按照《公路沥青路面施工技术规范》(JTG F40—2004)的规定，对标准密度的选用进行了修订，使其与相关规范一致。

1.2 本方法适用于检验从压实的沥青路面上钻取的沥青混合料芯样试件的密度，以评定沥青面层的施工压实度。

2 仪具与材料技术要求

本方法需要下列仪具与材料：

(1)路面取芯钻机。

(2)天平：感量不大于0.1g。

(3)水槽。

(4)吊篮。

(5)石蜡。

(6)其他：卡尺、毛刷、小勺、取样袋(容器)、电风扇。

3 方法与步骤

3.1 钻取芯样

按本规程“T 0901 取样方法”钻取路面芯样，芯样直径不宜小于ϕ100mm。当一次钻孔取得的芯样包含有不同层位的沥青混合料时，应根据结构组合情况用切割机将芯样沿各层结合面锯开分层进行测定。

钻孔取样应在路面完全冷却后进行，对普通沥青路面通常在第二天取样，对改性沥青及SMA路面宜在第三天以后取样。

3.2　测定试件密度

(1)将钻取的试件在水中用毛刷轻轻刷净黏附的粉尘。如试件边角有浮松颗粒，应仔细清除。

(2)将试件晾干或用电风扇吹干不少于24h，直至恒重。

(3)按现行《公路工程沥青及沥青混合料试验规程》(JTJ 052)的沥青混合料试件密度试验方法测定试件密度ρ_s。通常情况下采用表干法测定试件的毛体积相对密度；对吸水率大于2%的试件，宜采用蜡封法测定试件的毛体积相对密度；对吸水率小于0.5%特别致密的沥青混合料，在施工质量检验时，允许采用水中重法测定表观相对密度。

3.3　根据《公路沥青路面施工技术规范》(JTG F40—2004)附录E的规定，确定计算压实度的标准密度。

4　计算

4.1　当计算压实度的标准密度采用每天试验室实测的马歇尔击实试件密度或试验路段钻孔取样密度时，沥青面层的压实度按式(T 0924-1)计算。

$$K=\frac{\rho_s}{\rho_0}\times 100 \qquad \text{(T 0924-1)}$$

式中：K——沥青面层某一测定部位的压实度(%)；

ρ_s——沥青混合料芯样试件的实际密度(g/cm^3)；

ρ_0——沥青混合料的标准密度(g/cm^3)。

4.2　计算压实度的标准密度采用最大理论密度时，沥青面层的压实度按式(T 0924-2)计算。

$$K=\frac{\rho_s}{\rho_t}\times 100 \qquad (T\ 0924\text{-}2)$$

式中:ρ_s——沥青混合料芯样试件的实际密度(g/cm^3);

ρ_t——沥青混合料的最大理论密度(g/cm^3)。

沥青路面的压实度采取重点进行碾压工艺的过程控制,适度钻孔抽检压实度校核的方法。对施工及验收过程中的压实度检验不得采用配合比设计时的标准密度,应按如下方法检测确定:

(1)以试验室密度作为标准密度,即沥青拌和厂每天取样1～2次实测的马歇尔试件密度,取平均值作为该批混合料铺筑路段压实度的标准密度。其试件成型温度与路面复压温度一致。当采用配合比设计时,也可采用其他相同的成型方法的试验室密度作为标准密度。

(2)以每天实测的最大理论密度作为标准密度。对普通沥青混合料,沥青拌和厂在取样进行马歇尔试验的同时以真空法实测最大理论密度,平行试验的试样数不少于 2 个,以平均值作为该批混合料铺筑路段压实度的标准密度;但对改性沥青混合料、SMA 混合料以计算的最大理论密度为准,也可采用抽提筛分的结果及油石比计算最大理论密度。

(3)以试验路密度作为标准密度。用核子仪定点检查密度不再变化为止。然后取不少于 15 个的钻孔试件的平均密度为计算压实度的标准密度。

(4)可根据需要选用试验室标准密度、最大理论密度、试验路密度中的 1～2 种作为钻孔法检验评定的标准密度。

(5)施工中采用核子密度仪等无破损检测设备进行压实度控制时,宜以试验路密度作为标准密度,核子密度仪的测点数不宜少于39个,取平均值,但核子密度仪需经标定。

(6)压实度钻孔频率按相关规范的要求执行。

4.3 按本规程附录B的方法,计算一个评定路段检测的压实度的平均值、标准差、变异系数,并计算代表压实度。

5 报告

压实度试验报告应记载压实度检查的标准密度及依据,并列表表示各测点的试验结果。

T 0925—2008 无核密度仪测定压实度试验方法

1 目的与适用范围

1.1 本方法适用于现场无核密度仪快速测定沥青路面各层沥青混合料的密度,并计算施工压实度,但测定结果不宜用于评定验收或仲裁。

1.2 无核密度仪可用于检测铺筑完工的沥青路面、现场沥青混合料铺筑层密度及快速检查混合料的离析。

1.3 应用无核密度仪时,必须严格标定,通过对比试验检验,确认其可靠性。

1.4 每12个月要将无核密度仪送到授权服务中心进行标定和检查。

2 仪具与材料技术要求

本方法需要下列仪具与材料:

(1)无核密度仪:内含电子模块和可充电电池。

①探头:无核,无电容,用于野外测量。

②探测深度:≥4.0cm。

③测量时间:1s。

④精度:0.003g/cm^3。

⑤操作环境温度,0~70℃。

⑥测试材料表面最高温度:150℃。

⑦湿度:98%且不结露。

(2)标准密度块,供密度标准计数用。

(3)交流充电器或直流充电器。

(4)打印机:用于打印测试数据。

3 方法与步骤

3.1 准备工作

(1)所测定沥青面层的层厚应不大于该仪器性能探测的最大深度。在进行沥青混合料压实层密度测定前,应用无核密度仪与钻孔取样的试件进行标定。

(2)第一次使用前需要对软件进行设置。仪器存储了软件的设置后,操作者无须每次开机后都进行软件的设置。

(3)按照仪器使用说明书的要求综合标定仪器的测量精度。

(4)按照不同的需要选择想要的测量模式。

(5)按照仪器使用说明的规定,进行修正值设置。

3.2 测试步骤

(1)为了保证测量精度,在正式测量前应正确选择测量场地。

(2)把仪器放置平稳,保证仪器不晃动。

(3)为了确保精确测量,仪器应与测量面紧密接触。

(4)在开始测量前应检查仪器的工作状态,如电池电压、内部温度、选择的测量单位、运行参考读数的日期和时间等。

(5)根据需要选择测量模式进行测试。

4　计算

按式(T 0925)计算压实度。

$$K = \frac{\rho_d}{\rho_c} \times 100 \tag{T 0925}$$

式中:K——测试地点的施工压实度(%);

ρ_d——由无核密度仪测定的压实沥青混合料的实际密度(g/cm^3),一组不少于13个点,取平均值;

ρ_c——沥青混合料的标准密度(g/cm^3),按照《公路沥青路面施工技术规范》(JTG F40—2004)附录E的规定选用。

5　报告

测定路面密度及压实度的同时,应记录气温、路面的结构深度、沥青混合料类型、面层结构及测定厚度等数据和资料。

6 平 整 度

T 0931—2008 三米直尺测定平整度试验方法

1 目的与适用范围

1.1 本方法规定用三米直尺测定路表面的平整度。定义三米直尺基准面距离路表面的最大间隙表示路基路面的平整度，以 mm 计。

1.2 本方法适用于测定压实成型的路面各层表面的平整度，以评定路面的施工质量，也可用于路基表面成型后的施工平整度检测。

2 仪具与材料技术要求

本方法需要下列仪具与材料：

(1)三米直尺：测量基准面长度为 3m 长，基准面应平直，用硬木或铝合金钢等材料制成。

(2)最大间隙测量器具：

①楔形塞尺：硬木或金属制的三角形塞尺，有手柄。塞尺的长度与高度之比不小于 10，宽度不大于 15mm，边部有高度标记，刻度读数分辨率小于或等于 0.2mm。

②深度尺：金属制的深度测量尺，有手柄。深度尺测量杆端头直径不小于 10mm，刻度读数分辨率小于或等于 0.2mm。

测量间隙的尺子有两种，楔形塞尺是其中之一，比较常见；深度尺是测量间隙的另一种类型，使用起来较为方便。

(3)其他：皮尺或钢尺、粉笔等。

3　方法与步骤

3.1　准备工作

(1)按有关规范规定选择测试路段。

(2)测试路段的测试地点选择：当为沥青路面施工过程中的质量检测时，测试地点应选在接缝处，以单杆测定评定；除高速公路以外，可用于其他等级公路路基路面工程质量检查验收或进行路况评定，每 200m 测 2 处，每处连续测量 10 尺。除特殊需要者外，应以行车道一侧车轮轮迹(距车道线 0.8～1.0m)作为连续测定的标准位置。对旧路已形成车辙的路面，应取车辙中间位置为测定位置，用粉笔在路面上做好标记。

(3)清扫路面测定位置处的污物。

3.2　测试步骤

(1)施工过程中检测时，按根据需要确定的方向，将三米直尺摆在测试地点的路面上。

(2)目测三米直尺底面与路面之间的间隙情况，确定最大间隙的位置。

(3)用有高度标线的塞尺塞进间隙处，量测其最大间隙的高度(mm)；或者用深度尺在最大间隙位置量测直尺上顶面距地面的深度，该深度减去尺高即为测试点的最大间隙的高度，准确至 0.2mm。

4　计算

单杆检测路面的平整度计算，以三米直尺与路面的最大间隙为测定结果。连续测定10尺时,判断每个测定值是否合格,根据要求,计算合格百分率,并计算10个最大间隙的平均值。

5 报告

单杆检测的结果应随时记录测试位置及检测结果。连续测定10尺时,应报告平均值、不合格尺数、合格率。

T 0932—2008 连续式平整度仪测定平整度试验方法

1 目的与适用范围

1.1 本方法规定用连续式平整度仪量测路面的不平整度的标准差σ,以表示路面的平整度,以mm计。

1.2 本方法适用于测定路表面的平整度,评定路面的施工质量和使用质量,但不适用于在已有较多坑槽、破损严重的路面上测定。

2 仪具与材料技术要求

本方法需要下列仪具与材料:

(1)连续式平整度仪:

①整体结构:连续式平整度仪构造如图T 0932-1所示,除特殊情况外,连续式平整度仪的标准长度为3m,其质量应符合仪器标准的要求;中间为一个3m长的机架,机架可缩短或折叠,前后各4个行走轮,前后两组轮的轴间距离为3m。

②标准差测量传感器:安装在机架中间,可以是能起落的测定轮,或非接触式位移传感器,如激光或超声位移测量传感器。

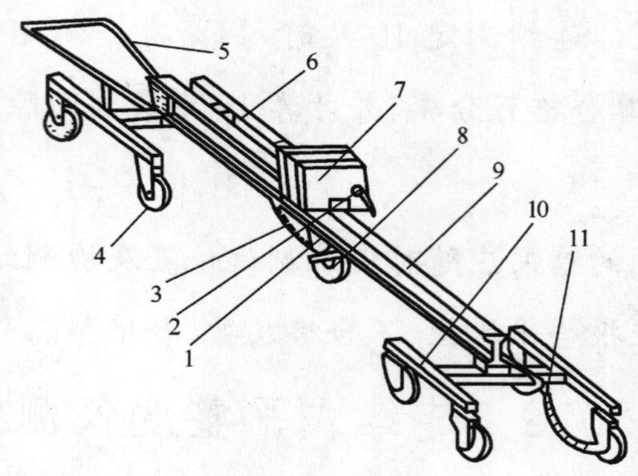

图 T 0932-1　连续式平整度仪构造图

1-测量架;2-离合器;3-拉簧;4-脚轮;5-牵引架;6-前架;7-记录计;8-测定轮;9-纵梁;10-后架;11-软轴

③其他辅助机构:有蓄电池电源,距离传感器,与数据采集、处理、存储、输出部分配套的采集控制箱及计算机、打印机等。

④测定间距为 10cm,每一计算区间的长度为 100m 并输出一次结果。

⑤可记录测试长度(m)、曲线振幅大于某一定值(如 3mm、5mm、8mm、10mm 等)的次数、曲线振幅的单向(凸起或凹下)累计值及以 3m 机架为基准的中点路面偏差曲线图,计算打印。

⑥机架装有一牵引钩及手拉柄,可用人力或汽车牵引。

(2)牵引车:小面包车或其他小型牵引汽车。

(3)皮尺或测绳。

3　方法与步骤

3.1　准备工作

(1)选择测试路段。

(2)当施工过程中质量检测需要时,测试地点根据需要决定;当为路面工程质量检查验收或进行路况评定需要时,通常以行车道一侧车轮轮迹带作为连续测定的标准位置。对旧路已形成车辙的路面,取一侧车辙中间位置为测定位置。

按第1.2条的规定在测试路段路面上确定测试位置,当以内侧轮迹带(IWP)或外侧轮迹带(OWP)作为测定位置时,测定位置距车道标线80～100cm。

(3)清扫路面测定位置处的脏物。

(4)检查仪器,检测箱各部分应完好、灵敏,并将各连接线接妥,安装记录设备。

3.2 测试步骤

(1)将连续式平整度仪置于测试路段路面起点上。

(2)在牵引汽车的后部,将连续式平整度仪与牵引汽车连接好,按照仪器使用手册依次完成各项操作。

(3)启动牵引汽车,沿道路纵向行驶,横向位置保持稳定。

(4)确认连续式平整度仪工作正常。牵引连续式平整度仪的速度应保持匀速,速度宜为5km/h,最大不得超过12km/h。

在测试路段较短时,亦可用人力拖拉平整度仪测定路面的平整度,但拖拉时应保持匀速前进。

4 计算

4.1 连续式平整度仪测定后,可按每10cm间距采集的位移值自动计算得到每100m计算区间的平整度标准差(mm),还可记录测试长度(m)。

4.2 每一计算区间的路面平整度以该区间测定结果的标

准差表示，按式(T 0932)计算。

$$\sigma_i = \sqrt{\frac{\sum d_i^2 - (\sum d_i)^2/N}{N-1}} \tag{T 0932}$$

式中：σ_i——各计算区间的平整度计算值(mm)；

d_i——以100m为一个计算区间，每隔一定距离（自动采集间距为10cm，人工采集间距为1.5m）采集的路面凹凸偏差位移值(mm)；

N——计算区间用于计算标准差的测试数据个数。

4.3　按本规程附录B的方法计算一个评定路段内各区间的平整度标准差的平均值、标准差、变异系数。

5　报告

试验应列表报告每一个评定路段内各测定区间的平整度标准差，各评定路段平整度的平均值、标准差、变异系数以及不合格区间数。

T 0933—2008　车载式颠簸累积仪测定平整度试验方法

1　目的与适用范围

1.1　本方法适用于各类颠簸累积仪在新建、改建路面工程质量验收和无严重坑槽、车辙等病害的正常行车条件下连续采集路段平整度数据。

1.2　本方法的数据采集、传输、记录和处理分别由专用软件自动控制进行。

2 仪具与材料技术要求

(1)测试系统

测试系统由承载车辆、距离测量装置、颠簸累积值测试装置和主控制系统组成。主控制系统对测试装置的操作实施控制，完成数据采集、传输、存储与计算过程。

(2)设备承载车要求

根据设备供应商的要求选择测试系统承载车辆。

颠簸累积仪对承载车的要求很高，用户在采购设备时应该根据设备生产商的要求采购车辆，不能随意选择车辆作为承载车，避免整套系统测值不稳定。

(3)测试系统基本技术要求和参数

①测试速度：30～80km/h。

②最大测试幅值：±20cm。

③垂直位移分辨率：1mm。

④距离标定误差：<0.5%。

⑤系统工作环境温度：0～60℃。

⑥系统软件能够依据相关关系公式自动对颠簸累积值进行换算，间接输出国际平整度指数 IRI。

3 方法与步骤

3.1 准备工作

(1)测试车辆有下面条件之一时，都应进行仪器测值与国际平整度指数 IRI 的相关性标定，相关系数 R 应不低于 0.99：在正常状态下行驶超过 20 000km；标定的时间隔超过 1 年；减震器、轮胎等发生更换、维修。

颠簸累积仪测值受承载车行驶车速、轮胎状况、车内载物变化、承载车减震器等多种因素的影响，为了保证测试结果的准确性，在有条件的情况下应该经常性标定。根据对国内车载式颠簸累积仪生产商的调查，相关性标定试验的相关系数 R 完全可以达到 0.99。

(2)检查测试车轮胎气压，应达到车辆轮胎规定的标准气压，车胎应清洁，不得黏附杂物，车上载重、人数以及分布应与仪器相关性标定试验时一致。

(3)距离测量系统需要现场安装的，根据设备操作手册说明进行安装，确保紧固装置安装牢固。

(4)检查测试系统各部分应符合测试要求，不应有明显的可视性破损。

(5)打开系统电源，启动控制程序，检查系统各部分的工作状态。

3.2 测试步骤

(1)测试开始之前应让测试车以测试速度行驶 5～10km，按照设备操作手册规定的预热时间对测试系统进行预热。

(2)测试车停在测试起点前 300～500m 处，启动平整度测试系统程序，按照设备操作手册的规定和测试路段的现场技术要求设置完毕所需的测试状态。

(3)驾驶员在进入测试路段前应保持车速在规定的测试速度范围内，沿正常行车轨迹驶入测试路段。

测试车加速过程的测值不能反映路面平整度的真实情况，因此要求测试车在距离测试路段起点300～500m位置开始起步，确保测试车进入测试路段时达到规定测试速度。

(4)进入测试路段后，测试人员启动系统的采集和记录程序，在测试过程中必须及时准确地将测试路段的起终点和其他需要特殊标记点的位置输入测试数据记录中。

(5)当测试车辆驶出测试路段后，仪器操作人员停止数据采集和记录，并恢复仪器各部分至初始状态。

(6)操作人员检查数据文件，文件应完整，内容应正常，否则需要重新测试。

(7)关闭测试系统电源，结束测试。

4 计算

颠簸累积仪直接测试输出的颠簸累积值VBI，要按照相关性标定试验得到相关关系式，并以100m为计算区间换算成IRI(以m/km计)。

5 颠簸累积仪测值与国际平整度指数IRI相关关系对比试验

5.1 基本要求

由于颠簸累积仪测值受测试速度等因素影响，因此测试系统的每一种实际采用的测试速度都应单独进行标定，建立相关关系公式。标定过程及分析结果应详细记录并存档。

5.2 试验条件

(1)按照每段IRI值变化幅度不小于1.0的范围选择不少于4段不同平整度水平的路段，且有足够加速或减速长度的路段。根据实际测试道路 IRI 的分布情况，可以增加某些范围内的标定路段。

(2)每一路段长度不小于 300m。

(3)每一段内的平整度应均匀，包括路段前 50m 的引道。

(4)选择坡度变化较小的直线路段，路段交通量小，便于疏导。

(5)标定宜选择在车道的正常行驶轮迹上进行，明确标出标定路段的轮迹、起终点。

5.3　试验步骤

(1)距离标定

①依据设备供应商建议的长度，选择坡度变化较小的平坦直线路段，标出起终点和行驶轨迹。

②标定开始之前应让测试车以测试速度行驶 5～10km，按照设备操作手册规定的预热时间对测试系统进行预热。

③将测试车的前轮对准起点线，启动距离校准程序，然后令车辆沿着路段轨迹直线行驶，避免突然加速或减速，接近终点时，看指挥人员手势减速停车，确保测试车的前轮对准终点线，结束距离校准程序。重复此过程，确保距离传感器脉冲当量的准确性，应在允许误差范围之内。

(2)参照第 3.2 条，令颠簸累积仪按选定的测试速度测试每个标定路段的反应值，重复测试至少 5 次，取其平均值作为该路段的反应值。

(3)IRI 值的确定

①以精密水准仪作为标准仪具，分别测量标定路段两个轮

迹的纵断高程，要求采样间隔为250mm，高程测试精度为0.5mm；然后用IRI标准计算程序对每个轮迹的纵断面测量值进行模型计算，得到该轮迹的IRI值。两个轮迹IRI值的平均值即为该路段的IRI值。

②其他符合世界银行一类平整度测试标准的纵断面测试仪具也可以作为确定标定路段标准IRI值的仪具。

轮迹带国际平整度指数(IRI)可以用上述两种方法中的其中一种来确定。目前，国内用户基本采用手推式断面仪替代精密水准仪测量纵断面高程。澳大利亚ARRB生产的手推式断面仪使用较为方便，其测值与水准仪法测值相关程度为1。

5.4 试验数据处理

用数理统计的方法将各标定路段的IRI值和相应的颠簸累积仪测值进行回归分析，建立相关关系方程式，相关系数R不得小于0.99。

6 报告

(1)平整度测试报告应包括颠簸累积值VBI、国际平整度IRI平均值和现场测试速度。

(2)提供颠簸累积值VBI与国际平整度指数IRI在选定测试条件下的相关关系式及相关系数。

T 0934—2008 车载式激光平整度仪测定平整度试验方法

1 目的与适用范围

1.1 本方法适用于各类车载式激光平整度仪在新建、改建路面工程质量验收和无严重坑槽、车辙等病害及无积水、积雪、泥浆的正常通车条件下连续采集路段平整度数据。

激光平整度仪受水的影响很大，路面有流动水的情况下不适合用此类型设备检测路面平整度。

1.2　本方法的数据采集、传输、记录和处理分别由专用软件自动控制进行。

2　仪具与材料技术要求

(1)测试系统

测试系统由承载车辆、距离传感器、纵断面高程传感器和主控制系统组成。主控制系统对测试装置的操作实施控制，完成数据采集、传输、存储与计算过程。

(2)设备承载车要求

根据设备供应商的要求选择测试系统承载车辆。

(3)测试系统基本技术要求和参数

①测试速度：30～100km/h。

②采样间隔：≤500mm。

③传感器测试精度：0.5mm。

④距离标定误差：<0.1%。

⑤系统工作环境温度：0～60℃。

3　方法与步骤

3.1　准备工作

(1)设备安装到承载车上以后应按本方法第5条的规定进行相关性试验。

(2)根据设备操作手册的要求对测试系统各传感器进行校准。

(3)检查测试车轮胎气压,应达到车辆轮胎规定的标准气压,车胎应清洁,不得黏附杂物。

(4)距离测量装置需要现场安装的,根据设备操作手册说明进行安装,确保机械紧固装置安装牢固。

(5)检查测试系统各部分应符合测试要求,不应有明显的可视性破损。

(6)打开系统电源,启动控制程序,检查各部分的工作状态。

3.2 测试步骤

(1)测试开始之前应让测试车以测试速度行驶 5～10km,按照设备使用说明规定的预热时间对测试系统进行预热。

激光平整度仪为电子类产品,应该确保预热时间以保证系统整体运行的稳定。

(2)测试车停在测试起点前 50～100m 处,启动平整度测试系统程序,按照设备操作手册的规定和测试路段的现场技术要求设置完毕所需的测试状态。

(3)驾驶员应按照设备操作手册要求的测试速度范围驾驶测试车,宜在 50～80km/h 之间,避免急加速和急减速,急弯路段应放慢车速,沿正常行车轨迹驶入测试路段。

车载式激光平整度仪受行车速度的影响很小,但是急加减速会引入较大偏差,应避免检测过程中出现急加减速情况。

(4)进入测试路段后,测试人员启动系统的采集和记录程序，在测试过程中必须及时准确地将测试路段的起终点和其他需要特殊标记的位置输入测试数据记录中。

(5)当测试车辆驶出测试路段后，测试人员停止数据采集和记录，并恢复仪器各部分至初始状态。

(6)检查测试数据文件，文件应完整，内容应正常，否则需要重新测试。

(7)关闭测试系统电源，结束测试。

4 计算

激光平整度仪采集的数据是路面相对高程值，应以100m为计算区间长度用IRI的标准计算程序计算IRI值，以m/km计。

国内试验中我们选取1km具有典型意义的高速公路沥青路面，以手推式断面仪对其进行纵段高程测量，分别按10m，20m，30m…200m为基本计算单位计算，计算出IRI及对应的变异系数，如图6-1所示。可以发现低于80m计算长度的时候，变异系数一般都超过了5%；高于80m以后，逐渐趋于稳定，一般都在5%以内。因此，目前行业相关规范中一般都选取100m为基本的计算区间。

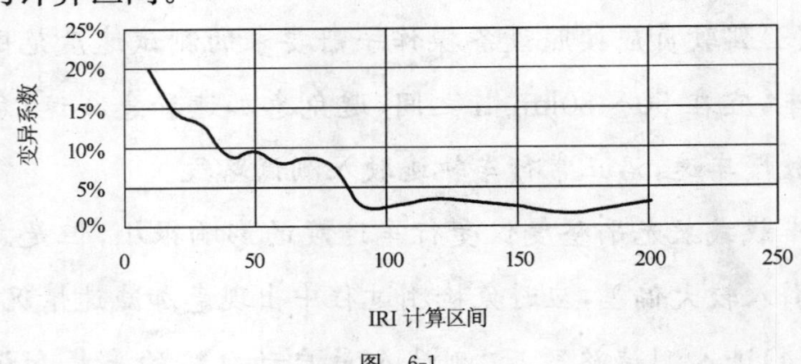

图 6-1

5 激光平整度仪测值与国际平整度指数 IRI 相关关系对比试验

5.1 试验条件

(1)按照 IRI 值,每段间距大于 1.0 的范围选择不少于 4 段不同平整度水平的路段,且有足够加速或减速长度的路段,根据实际测试道路 IRI 的分布情况,可以适当增加某些范围内的标定路段。

(2)每路段长度不小于 300m。

(3)每一段内的平整度应均匀,包括路段前 50m 的引道。

为了降低试验过程中对驾驶员的要求,这里规定每一个试验路段的平整度水平都尽量均匀。

(4)选择坡度变化较小的直线路段,路段交通量小,便于疏导。

(5)有多个激光测头的系统需要分别标定。

(6)标定宜选择在车道的正常行驶轮迹上进行,明确画出轮迹带测线和起终点位置。

5.2 试验步骤

(1)距离标定

①依据设备供应商建议的长度,选择坡度变化较小的平坦直线路段,标出起终点和行驶轨迹。

②标定开始之前应让测试车以测试速度行驶 5～10km,按照设备操作手册规定的预热时间对测试系统进行预热。

③将测试车的前轮对准起点线,启动距离校准程序,然后令

车辆沿着路段轨迹直线行驶，避免突然加速或减速，接近终点时，看指挥人员手势减速停车，确保测试车的前轮对准终点线，结束距离校准程序。重复此过程，确保距离传感器测试结果的准确性，应在允许误差范围之内。

(2)参照第3.2条，令所标定的纵断面高程传感器对准测线重复测试5次，取其IRI计算值的平均值作为该路段的测试值。

(3)IRI值的确定

①以精密水准仪作为标准仪具，测量标定路段上测线的纵断高程，要求采样间隔为250mm，高程测试精度为0.5mm。然后用IRI标准计算程序对纵断面测量值进行模型计算，得到标定线路的IRI值。

②其他符合世界银行一类平整度测试标准的纵断面测试仪具也可以作为确定标定路段IRI值的仪具。

可以选择上述两种方法中的一种作为标准方法。

5.3　试验数据处理

用数理统计的方法将各标定路段的IRI值和相应的平整度仪测值进行回归分析，建立相关关系方程式，相关系数R不得小于0.99。

6　报告

平整度检测报告应包括以下内容：

(1)国际平整度指数IRI平均值。

(2)提供激光平整度仪测值与国际平整度指数IRI在选定测试条件下的相关关系式及相关系数。

7 强度和模量

T 0941—2008 土基现场 CBR 值测试方法

承载比(CBR)值是规定贯入量时荷载压强与标准压强的比值,最早由加利福尼亚公路局提出,用于评定路基土和路面材料的强度指标。本方法所说的 CBR 值与土工试验中谈到的 CBR 值有所区别,首先是试验条件不同,本方法所指的是在公路现场条件下测定,而且试验的出发点不同,土工试验是为了评价路用材料的强度,而本方法更多是为了衡量土基的整体承载能力。

1 目的与适用范围

1.1 本方法适用于在现场测定各种土基材料的现场 CBR 值。同时也适合于基层、底基层砂性土、天然砂砾、级配碎石等材料 CBR 值的试验。

1.2 本方法所用试样的最大集料粒径宜小于 19.0mm,最大不得超过 31.5mm。

适用于在现场测定各种土基材料的现场 CBR 值,并不适用于大粒径的土石混填或填石路基。

2 仪具与材料技术要求

本方法需要下列仪具与材料:

(1)荷载装置:装载有铁块或集料等重物的载重汽车,后轴重不小于 60kN，在汽车大梁的后轴之后设有一加劲横梁作反力架用。

(2) 现场测试装置：如图 T 0941-1 所示，由千斤顶（机械或液压）、测力计（测力环或压力表）及球座组成。千斤顶可使贯入杆的贯入速度调节成 1mm/min。测力计的容量不小于土基强度，测定精度不小于测力计量程的 1%。

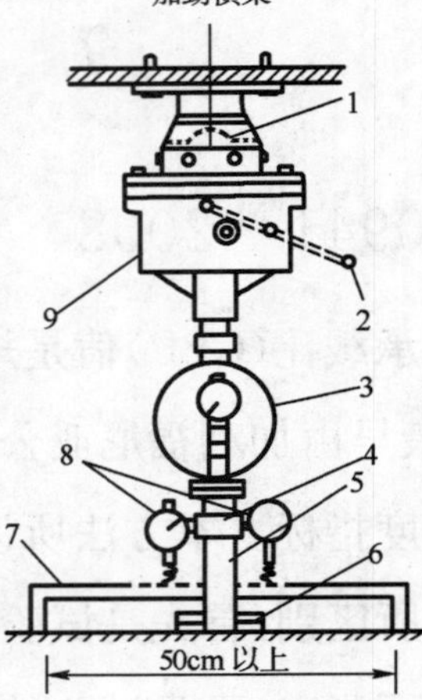

图 T 0941-1　CBR 现场测试装置

1-球座；2-手柄；3-测力计；4-百分表夹具；5-贯入杆；6-承载板；7-平台；8-百分表；9-加载千斤顶；

(3) 贯入杆：直径 ϕ50mm，长约 200mm 的金属圆柱体。

(4) 承载板：每块 1.25kg，直径 ϕ150mm，中心孔眼直径 ϕ52mm，不少于 4 块，并沿直径分为两个半圆块。

(5) 贯入量测定装置：由图 T 0941-1 中所示的平台及百分表组成。百分表量程 20mm，精度 0.01mm，数量 2 个，对称固定于贯入杆上，端部与平台接触，平台跨度不小于 50cm。

注：此设备也可用两台贝克曼梁弯沉仪代替。

(6) 细砂：洁净干燥的细干砂，粒径 0.3～0.6mm。

(7) 其他：铁铲、盘、直尺、毛刷、天平等。

应选择合适量程的测力装置，一般土基强度相对路面材料较低，为了保证测力装置容量不小于土基强度而一味选用大量程测力计，可能会导致小贯入量期间测力计无法读数的情况发生，这时需要更换较小量程的测力装置，对于土基材料，可采用

10kN 或 7.5kN 测力计，技术人员应在试验中注意总结经验。

当采用贝克曼梁弯沉仪作为贯入量测定装置时，应注意需要进行贯入量的换算。平台跨度应不小于 50cm，以免造成贯入量读数失真，试用中如发现平台有明显位移，应重新进行试验。

3 方法与步骤

3.1 准备工作

(1)将试验地点约直径 ϕ30cm 范围的表面找平，用毛刷刷净浮土，如表面为粗粒土时，应撒布少许洁净的细砂填平，但不能覆盖全部土基表面避免形成夹层。

(2)安装测试设备，按图 T 0941-1 设置贯入杆及千斤顶。千斤顶顶在加劲横梁上且调节至高度适中。贯入杆应与土基表面紧密接触。

(3)安装贯入量测定装置：将支架平台，百分表(或两台贝克曼梁弯沉仪)按图 T 0941-1 安装好。

贯入杆与土基表面紧密接触，但不应在土基表面形成贯入痕迹。

3.2 测试步骤

(1)在贯入杆位置安放 4 块 1.25kg 的分开成半圆的承载板，共 5kg。

(2)试验贯入前，先在贯入杆上施加 45N 荷载后，将测力计及贯入量百分表调零，记录初始读数。

(3)启动千斤顶，使贯入杆以 1mm/min 的速度压入土基，相应于贯入量为 0.5mm、1.0mm、1.5mm、2.0mm、2.5mm、

3.0mm、4.0mm、5.0mm、6.5mm、10.0mm 及 11.5mm 时，分别读取测力计读数。根据情况，也可在贯入量达 6.5mm 时结束试验。

注：用千斤顶连续加载，两个贯入量百分表及测力计均应在同一时刻读数，当两个百分表读数差值不超过平均值的 30%时，以其平均值作为贯入量；当两个百分表读数差值超过平均值的 30%时，应停止试验。

(4)卸除荷载，移去测定装置。

(5)在试验点下取样，测定材料含水率。取样数量如下：

①最大粒径不大于 4.75mm，试样数量约 120g；

②最大粒径不大于 19.0mm，试样数量约 250g；

③最大粒径不大于 31.5mm，试样数量约 500g。

(6)在紧靠试验点旁边的适当位置，用灌砂法(T 0921—2008)或环刀法(T 0923—1995)等测定土基的密度。

在贯入杆位置安放半圆形承载板，限制贯入杆的侧向倾斜，当发生细微倾斜时，不应人为扶正；当发生较大倾斜时，应重新试验。

在加荷装置上安装贯入杆后，为了使贯入杆端面与土基表面充分接触，所以在贯入杆上施加 45N 的预压力，将此荷载作为试验时的零荷载，并将该状态的贯入量设为零点。绘制的压力和贯入量关系曲线，起始部分呈反弯，则表示试验开始时贯入杆端面与土表面接触不好，应对曲线进行修正。

试验结束标准应根据土基强度而定，当土基强度较大时，可在贯入量达到 6.5mm 时结束试验。荷载压强及贯入量读数不宜过少，一般要求在达到 2.5mm 贯入量时应不少于 5 个读数。

4 计算

4.1 用贯入试验得到的等级荷重数除以贯入断面积(19.625cm^2),得到各级压强(MPa),绘制荷载压强—贯入量曲线,如图 T 0941-2 所示。当图中曲线在起点处有明显凹凸的情况时,应在曲线的拐弯处作切线延长进行修正,以与坐标轴相交的点O'作原点,得到修正后的压强—贯入量曲线。

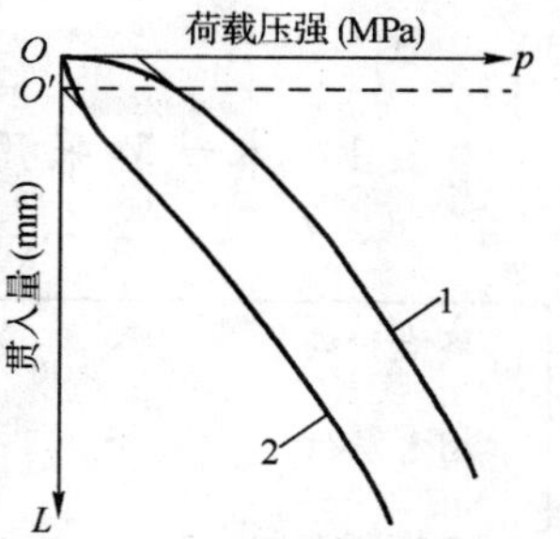

图 T 0941-2 荷载压强—贯入量关系曲线

4.2 从压强—贯入量曲线上读取贯入量为 2.5mm 及 5.0mm时的荷载压强 p_1,按式(T 0941)计算现场 CBR 值。CBR 一般以贯入量 2.5mm 时的测定值为准,当贯入量 5.0mm 时的 CBR 大于 2.5mm 时的 CBR 时,应重新试验,如重新试验仍然如此时,则以贯入量5.0mm时的 CBR 为准。

$$现场\ CBR(\%)\ \frac{p_1}{p_0}\times 100 \qquad (T\ 0941)$$

式中:p_1——荷载压强(MPa);

p_0——标准压强,当贯入量为 2.5mm 时为 7MPa,当贯入量为 5.0mm 时 10.5MPa。

原点修正时,应注意压强或贯入量值须随平移后的原点而变化。

各级贯入量下的标准压强见表 7-1。

表 7-1

贯入度(cm)	0.254	0.508	0.762	1.016	1.270
标准压力(kPa)	7 030	10 550	13 360	16 170	18 230

5 报告

5.1 本试验采用的记录格式如表 T 0941。

表 T 0941 现场 CBR 值测定记录表

<table>
<tr><td colspan="7">路线和编号　　　　　　　　路面结构：
测定层位：
承载板直径(cm)：　　　　　测定日期：　年　月　日</td></tr>
<tr><td rowspan="10">加载记录</td><td rowspan="2">预定贯入量(mm)</td><td colspan="3">贯入量百分表读数(0.01mm)</td><td rowspan="2">测力计读数</td><td rowspan="2">压强(MPa)</td></tr>
<tr><td>1</td><td>2</td><td>平均</td></tr>
<tr><td>0</td><td></td><td></td><td></td><td></td><td></td></tr>
<tr><td>0.5</td><td></td><td></td><td></td><td></td><td></td></tr>
<tr><td>1.0</td><td></td><td></td><td></td><td></td><td></td></tr>
<tr><td>1.5</td><td></td><td></td><td></td><td></td><td></td></tr>
<tr><td>2.0</td><td></td><td></td><td></td><td></td><td></td></tr>
<tr><td>2.5</td><td></td><td></td><td></td><td></td><td></td></tr>
<tr><td>3.0</td><td></td><td></td><td></td><td></td><td></td></tr>
<tr><td>4.0</td><td></td><td></td><td></td><td></td><td></td></tr>
<tr><td>CBR计算</td><td colspan="6">贯入断面面积：　cm²
相当于贯入量 2.5mm 时的荷载压强：标准压强＝7MPa　$CBR_{2.5}$＝　　(％)
相当于贯入量 5.0mm 时的荷载压强：标准压强＝10.5MPa　CBR_{5}＝　　(％)
试验结果现场 CBR＝　　(％)</td></tr>
<tr><td rowspan="3">含水率</td><td></td><td>湿土质量(g)</td><td>干土质量(g)</td><td>水质量(g)</td><td>含水率(％)</td><td>平均含水率(％)</td></tr>
<tr><td>1</td><td></td><td></td><td></td><td></td><td rowspan="2"></td></tr>
<tr><td>2</td><td></td><td></td><td></td><td></td></tr>
<tr><td rowspan="3">密度</td><td></td><td>试样湿质量(g)</td><td>试样干质量(g)</td><td>体积(cm³)</td><td>干密度(g/cm³)</td><td>平均干密度(g/cm³)</td></tr>
<tr><td>1</td><td></td><td></td><td></td><td></td><td rowspan="2"></td></tr>
<tr><td>2</td><td></td><td></td><td></td><td></td></tr>
</table>

5.2 试验报告应包括下列结果：

(1)土基含水率(％)。

(2)测点的干密度(g/cm³)。

(3)现场 CBR 值及相应的贯入量。

我国柔性路面设计中,以路基土和路面材料的回弹模量值作为设计参数,但 CBR 试验过程简捷,还是为许多单位所青睐,不少科研单位对回弹模量和 CBR 的关系进行了大量的试验工作,通过数值分析或理论给出各地区各类土基 CBR 与 E_0 之间的近似关系式(表 7-2)。

表 7-2　土基的 E_0 与 CBR 的关系

资料来源	关系式	备注
SHELL 公司	$E_d = 10CBR$	动模量
	$E_0 = 5CBR$	静模量
英国 TRRL	$E_d = 17.6CBR^{0.64}$	动模量
AI 协会	$E_d = 10.5CBR$	动模量
日本道路公团	$E_0 = 2 \sim 4CBR$	静模量

T 0943—2008　承载板测定土基回弹模量试验方法

以回弹模量表征土基承载能力,可以反映土基在瞬时荷载作用下的可恢复变形性质,因而可以应用弹性理论公式描述荷载与变形之间的关系。本方法采用刚性承载板,通过逐级加载卸载的方式,测定土基回弹模量,结果可在以弹性理论为基本体系的各种路面结构设计方法中应用。

1　目的与适用范围

1.1　本方法适用于在现场土基表面,通过用承载板对土基逐级加载、卸载的方法,测出每级荷载下相应的土基回弹变形值,通过计算求得土基回弹模量。

1.2　本方法测定的土基回弹模量可作为路面设计参数使用。

2　仪具与材料技术要求

本方法需要下列仪具与材料：

(1)加载设施：载有铁块或集料等重物，后轴重不小于60kN的载重汽车一辆，作为加载设备。在汽车大梁的后轴之后约80cm处，附设加劲横梁一根作反力架。汽车轮胎充气压力0.50MPa。

(2)现场测试装置：如图T 0943-1所示，由千斤顶、测力计(测力环或压力表)及球座组成。

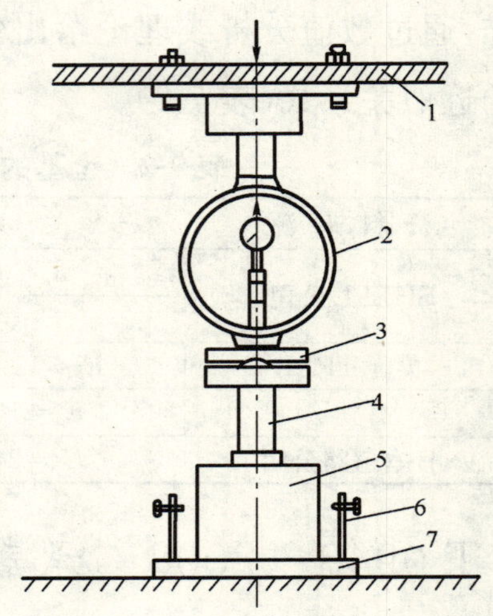

图T 0943-1　承载板试验现场测试装置

1-加劲横梁；2-测力计；3-钢板及球座；4-钢圆筒；5-加载千斤顶；6-立柱及支座；7-承载板

(3)刚性承载板一块，板厚20mm，直径为ϕ30cm，直径两端设有立柱和可以调整高度的支座，供安放弯沉仪测头用。承载板安放在土基表面上。

(4)路面弯沉仪两台，由贝克曼梁、百分表及其支架组成。

(5)液压千斤顶一台，80～100kN，装有经过标定的压力表或测力环，其容量不小于土基强度，测定精度不小于测力计量程的1%。

(6)秒表。

(7)水平尺。

(8)其他：细砂、毛刷、垂球、镐、铁锹、铲等。

3 方法与步骤

3.1 准备工作

(1)根据需要选择有代表性的测点,测点应位于水平的路基上,土质均匀,不含杂物。

(2)仔细平整土基表面,撒干燥洁净的细砂填平土基凹处,砂子不可覆盖全部土基表面,避免形成夹层。

(3)安置承载板,并用水平尺进行校正,使承载板处于水平状态。

(4)将试验车置于测点上,在加劲横梁中部悬挂垂球测试,使之恰好对准承载板中心,然后收起垂球。

(5)在承载板上安放千斤顶,上面衬垫钢圆筒、钢板,并将球座置于顶部与加劲横梁接触,如用测力环时,应将测力环置于千斤顶与横梁中间,千斤顶及衬垫物必须保持垂直,以免加压时千斤顶倾倒发生事故并影响测试数据的准确性。

(6)安放弯沉仪,将两台弯沉仪的测头分别置于承载板立柱的支座上,百分表对零或其他合适的初始位置上。

测点不宜选在大纵坡及超高路段上,尽可能位于水平的路基上,且土质均匀,不含杂物。平整土基表面是必要的,但找平过程中应避免形成人为夹层,使试验结果失真。

承载板应处于水平状态,且试验车加劲横梁中部应恰好对准承载板中心。

3.2 测试步骤

(1)用千斤顶开始加载,注视测力环或压力表,至预压

0.05MPa，稳压 1min，使承载板与土基紧密接触，同时检查百分表，其工作情况应正常，然后放松千斤顶油门卸载，稳压 1min 后，将指针对零，或记录初始读数。

(2)测定土基的压力—变形曲线。用千斤顶加载，采用逐级加载卸载法，用压力表或测力环控制加载量，荷载小于 0.1MPa 时，每级增加0.02MPa，以后每级增加 0.04MPa 左右。为了使加载和计算方便，加载数值可适当调整为整数。每次加载至预定荷载 P 后，稳定 1min，立即读记两台弯沉仪百分表数值，然后轻轻放开千斤顶油门卸载至 0，待卸载稳定 1min 后，再次读数，每次卸载后百分表不再对零。当两台弯沉仪百分表读数之差不超过平均值的 30％时，取平均值；如超过 30％，则应重测。当回弹变形值超过 1mm 时，即可停止加载。

(3)各级荷载的回弹变形和总变形，按以下方法计算：

回弹变形(L)＝(加载后读数平均值－卸载后读数平均值)×弯沉仪杠杆比　　(T 0943-1)

总变形(L')＝(加载后读数平均值－加载初始前读数平均值)×弯沉仪杠杆比　　(T 0943-2)

(4)测定总影响量 a。最后一次加载卸载循环结束后，取走千斤顶，重新读取百分表初读数，然后将汽车开出 10m 以外，读取终读数，两只百分表的初、终读数差之平均值即为总影响量 a。

(5)在试验点下取样，测定材料含水率。取样数量如下：

最大粒径不大于 4.75mm，试样数量约 120g；

最大粒径不大于 19.0mm,试样数量约 250g;

最大粒径不大于 31.5mm,试样数量约 500g。

(6)在紧靠试验点旁边的适当位置,用灌砂法(T 0921—2008)或环刀法(T 0923—1995)等测定土基的密度。

(7)本方法的各项数值可记录于表 T 0943-2 的记录表上。

采用逐级加载卸载法,测定土基的压力—变形曲线,荷载增量可视土基承载能力大小而定。土基承载能力小,荷载增量可减小,反之可适当加大。一般情况下,荷载小于 0.1MPa 时,每级增加 0.02MPa,以后每级增加 0.04MPa 左右。

国产贝克曼梁弯沉仪的杠杆比一般为 2∶1。

4 计算

4.1 各级压力的回弹变形值加上该级的影响量后,则为计算回弹变形值。表 T 0943-1 是以后轴重 60kN 的标准车为测试车的各级荷载影响量的计算值。当使用其他类型测试车时,各级压力下的影响量 a_i 按式(T 0943-3)计算:

$$a_i = \frac{(T_1 + T_2)\pi D^2 p_i}{4T_1 Q} \cdot a \qquad \text{(T 0943-3)}$$

式中:T_1——测试车前后轴距(m);

T_2——加劲小梁距后轴距离(m);

D——承载板直径(m);

Q——测试车后轴重(N);

p_i——该级承载板压力(Pa);

a——总影响量(0.01mm);

a_i——该级压力的分级影响量(0.01mm)。

表 T 0943-1　各级荷载影响量(后轴 60kN 车)

承载板压力(MPa)	0.05	0.10	0.15	0.20	0.30	0.40	0.50
影响量	0.06a	0.12a	0.18a	0.24a	0.36a	0.48a	0.60a

总影响量是指汽车自重对土基变形的影响大小。根据测试车悬架系统的几何结构,基于弹性力学理论的假设,可以计算出各级压力下影响量。其力学图示如图 7-1。

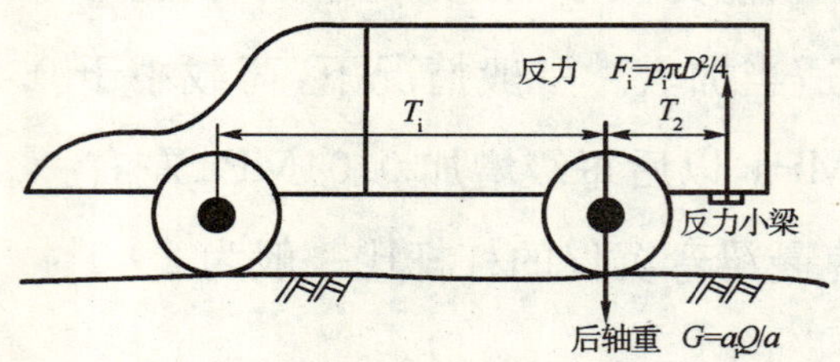

图 7-1　承载板试验力学图式

根据力矩平衡的力学原理,容易得出式(T 0943-1)给出的通用公式。根据各级荷载压力下的影响量,按下式求出计算回弹变形值,用于绘制压力—变形图。

计算回弹变形值=各级压力的回弹变形值+该级的影响量

4.2　将各级计算回弹变形值点绘于标准计算纸上,排除显著偏离的异常点并绘出顺滑的 p-L 曲线,如曲线起始部分出现反弯,应按图 T 0943-2 所示修正原点 O,O' 则是修正后的原点。

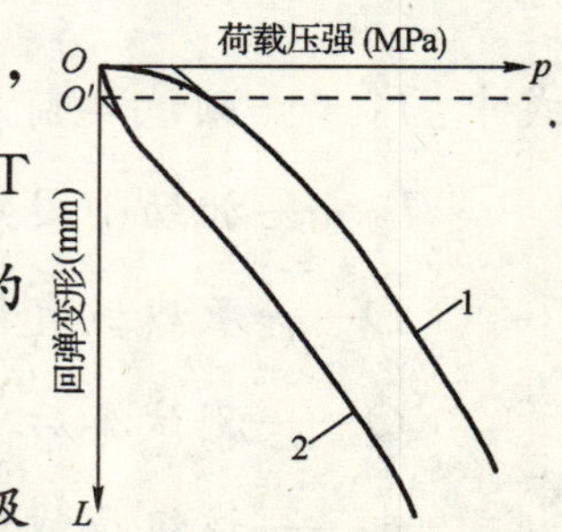

图 T 0943-2　修正原点示意图

4.3　按式(T 0943-4)计算相应于各级荷载下的土基回弹模量 E_i 值。

$$E_i = \frac{\pi D}{4} \cdot \frac{p_i}{L_i}(1-\mu_0^2) \qquad (\text{T 0943-4})$$

式中：E_i——相应于各级荷载下的土基回弹模量(MPa)；

μ_0——土的泊松比，根据相关路面设计规范规定取用；

D——承载板直径，取 30cm；

p_i——承载板压力(MPa)；

L_i——相对于荷载 p_i 时的回弹变形(cm)。

本方法采用刚性承载板，压板下土基顶面的挠度为固定值，不随坐标 r 而变化，故变形易于测量，压力容易控制。但是板底接触压力随 r 值的变化呈鞍形分布，如图 7-2 所示。

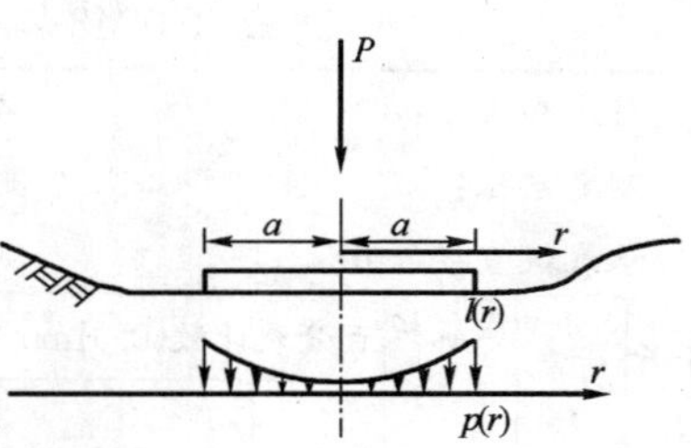

图 7-2 刚性承载板力学模型

根据弹性体系理论，土基的弹性力学模型为半无限体，其板底挠度按下式计算：

$$l = \frac{pD(1-\mu^2)}{E}\frac{\pi}{4} \qquad (7\text{-}1)$$

由上式可以得到反算回弹模量 E 的计算式(T 0943-4)。

4.4 取结束试验前的各回弹变形值按线性回归方法由式(T 0943-5)计算土基回弹模量 E_0 值。

$$E_0 = \frac{\pi \mathrm{D}}{4} \cdot \frac{\sum p_i}{\sum L_i}(1-\mu_0^2) \qquad (\text{T 0943-5})$$

式中：E_0——土基回弹模量(MPa)；

μ_0——土的泊松比，根据相关路面设计规范规定选用；

L_i——结束试验前的各级实测回弹变形值；

p_i——对应于 L_i 的各级压力值。

计算路基回弹模量 E_i 值时，泊松比 μ_0 是必须用的指标，可根据有关设计规范的规定选用，当无规定时，非黏性土可取0.30，高黏性土取0.50。一般可取0.35或0.40。

5 报告

5.1 本试验采用的记录格式见表T 0943-2。

表T 0943-2 承载板测定记录表

路线和编号：						路面结构：				
测定层位：						测定用汽车型号：				
承载板直径(cm)：						测定日期： 年 月 日				
千斤顶读数	荷载 P (kN)	承载板压力 p (MPa)	百分表读数(0.01mm)			总变形(0.01mm)	回弹变形(0.01mm)	分级影响量(0.01mm)	计算回弹变形(0.01mm)	E_i (MPa)
			加载前	加载后	卸载后					
总影响量 a(0.01mm)										
土基回弹模量 E_0 值(MPa)										

5.2 试验报告应记录下列结果：

(1)试验时所采用的汽车。

(2)近期天气情况。

(3)试验时土基的含水率(%)。

(4)土基密度(g/cm³)和压实度(%)。

(5)相应于各级荷载下的土基回弹模量 E_i 值(MPa)。

(6)土基回弹模量 E_0 值(MPa)。

T 0944—1995 贝克曼梁测定路基路面回弹模量试验方法

本方法根据弯沉反算回弹模量参数的简单应用，它避免了逐级加载卸载的复杂操作，利用弯沉检测数据，根据弹性层状体系理论，视土基为弹性半无限体，通过拟合实测弯沉与理论计算弯沉，从而实现反推土基回弹模量的目的。

1 目的与适用范围

本方法适用于在土基、厚度不小于 1m 的粒料整层表面，用弯沉仪测试各测点的回弹弯沉值，通过计算求得该材料的回弹模量值，也适用于在旧路表面测定路基路面的综合回弹模量。

本方法适用于在土基、厚度不小于 1m 的粒料整层表面，用弯沉仪测试各测点的回弹弯沉值，通过计算求得该材料的回弹模量值。也适用于在旧路表面测定路基路面的综合回弹模量。相对于承载板法，本方法实质上是采用了柔性承载板，通过回弹弯沉反算土基回弹模量。区别在于，这里的“柔性承载板”是由汽车轮胎来充当，简化力学模型则为圆形均布荷载下的弹性半无限体，如图 7-3 所示。

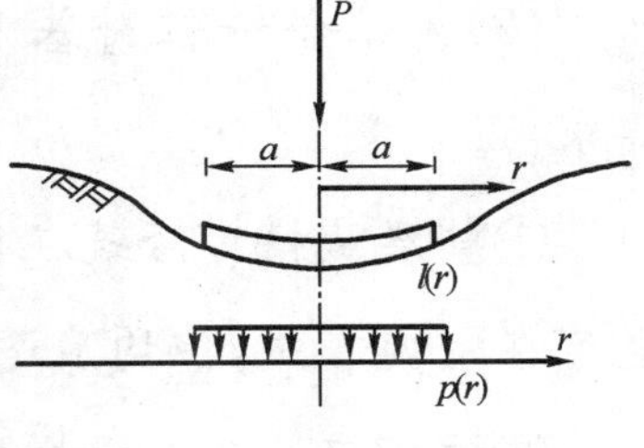

图 7-3 柔性承载板力学模型

2 仪具与材料技术要求

本方法需要下列仪具与材料：

(1)标准车：按本规程 T 0951 的规定选用。

(2)路面弯沉仪：由贝克曼梁、百分表及表架组成。贝克曼梁由合金铝制成，上有水准泡，其前臂(接触路面)与后臂(装百分表)长度比为 2∶1，标准弯沉仪前后臂分别为 240mm 和 120mm，加长弯沉仪分别为 360mm 和 180mm。弯沉采用百分表量得。

(3)路表温度计：分度不大于 1℃。

(4)接长杆：直径 ϕ16mm，长 500mm。

(5)其他：皮尺、口哨、粉笔、指挥旗等。

土基弯沉检测是本方法的主要工作，所用仪具应满足 T 0951 的要求。

3　方法与步骤

3.1　准备工作

(1)选择洁净的路基路面表面作为测点，在测点处做好标记并编号。

(2)无结合料粒料基层的整层试验段(试槽)应符合下列要求：

①整层试槽可修筑在行车带范围内，或路肩及其他合适处，也可在室内修筑，但均应适于用汽车测定弯沉。

②试槽应选择在干燥或中湿路段处，不得铺筑在软土基上。

③试槽面积不小于 3m×2m，厚度不宜小于 1m。铺筑时，先挖 3m×2m×1m(长×宽×深)的坑；然后用欲测定的同一种路面材料按有关施工规范规定的压实层厚度分层铺筑并压实，直至顶面，使其达到要求的压实度标准。应严格控制材料组成，

级配均匀一致，符合施工质量要求。

④试槽表面的测点间距可按图 T 0944 布置在中间 2m×1m 的范围内，可测定 23 点。

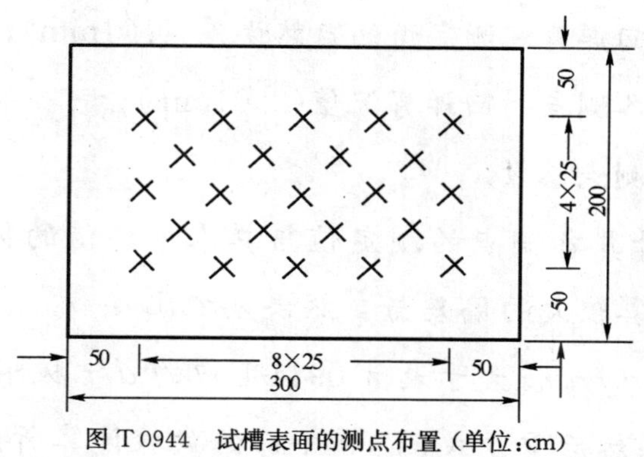

图 T 0944　试槽表面的测点布置（单位：cm）

3.2　测试步骤

按本规程 T 0951 的方法选择适当的标准车，实测各测点处的路面回弹弯沉值 L_i。如在旧沥青面层上测定时，应读取温度，并按 T 0951 规定的方法进行测定弯沉值的温度修正，得到标准温度 20℃时的弯沉值。

各测点的弯沉检测应有一定的时间间隔，以便给土基恢复弹性变形的时间。

4　计算

4.1　按式(T 0944-1)、式(T 0944-2)、式(T 0944-3)计算全部测定值的算术平均值 $\overline{L}$，单次测量的标准差 S_0 和自然误差 r_0。

$$\overline{L}=\frac{\sum L_i}{N} \qquad (\text{T 0944-1})$$

$$S=\sqrt{\frac{\sum (L_i-\overline{L})^2}{N-1}} \qquad (\text{T 0944-2})$$

$$r_0 = 0.675S \qquad (\text{T 0944-3})$$

式中：$\overline{L}$——回弹弯沉的平均值(0.01mm)；

S——回弹弯沉测定值的标准差(0.01mm)；

r_0——回弹弯沉测定值的自然误差(0.01mm)；

L_i——各测点的回弹弯沉值(0.01mm)；

N——测点总数。

4.2 计算各测点的测定值与算术平均值的偏差值 $d_i = L_i - \overline{L}$，并计算较大的偏差与自然误差之比 d_i/r_0。当某个测点的观测值的 d_i/r_0 值大于表 T 0944-1 中的 d/r 极限值时，则应舍弃该测点；然后重复式(T 0944-1)的步骤计算所余各测点的算术平均值 $\overline{L}$ 及标准差 S。

表 T 0944-1 相应于不同观测次数的 d/r 极限值

N	5	10	15	20	50
d/r	2.5	2.9	3.2	3.3	3.8

4.3 按式(T 0944-4)计算代表弯沉值

$$L_1 = \overline{L} + S \qquad (\text{T 0944-4})$$

式中：L_1——计算代表弯沉；

$\overline{L}$——舍弃不合要求的测点后所余测各点弯沉的算术平均值；

S——舍弃不合要求的测点后所余测各点弯沉的标准差。

4.4 按式(T 0944-5)计算土基、整层材料的回弹模量 E_1 或旧路的综合回弹模量。

$$E_1 = \frac{2p\delta}{L_1}(1-\mu^2)a \qquad (\text{T 0944-5})$$

式中：E_1——计算的土基、整层材料的回弹模量或旧路的综合回弹模量(MPa)；

p——测定车轮的平均垂直荷载(MPa)；

δ——测定用标准车双圆荷载单轮传压面当量圆的半径(cm)；

μ——测定层材料的泊松比，根据相关路面设计规范的规定取用；

a——弯沉系数，为 0.712。

(1)采用本规程 T0951 规定的标准车(BZZ-100)，轮胎接地压强 p=0.7MPa。

(2)双圆荷载单轮传压面当量圆的半径按下式计算：

$$\delta = \frac{1}{2}\sqrt{\frac{4P}{\pi p}} \qquad (7\text{-}2)$$

式中：P——车轮上的荷载(kN)；

p——轮胎接地压力(kPa)。

对于本规程 T 0951 规定的标准车(BZZ-100)，当量圆半径 δ=10.65cm。

(3)材料泊松比是反算回弹模量的必要指标，而且对反算结果影响较大，其值随测定方法及使用条件不同而异。但我国历来取用相同的值，为此规程没有做具体规定，取用时可参照设计规范的值。当无规定时，可参考美国 AASHTO 路面设计指南 1987 年版的规定，如表 7-3 所列(此表规定仅适用于弯沉计算)。其中路基 μ 值我国习惯通常采用 0.35,沥青材料通常采用 0.25,有所不同。

表 7-3　AASHTO 规定的道路材料供弯沉计算用的泊松比 μ 值

<table>
<tr><th>材　料</th><th>泊松比范围</th><th colspan="6">备　注</th><th>常用泊松比</th></tr>
<tr><td>水泥混凝土</td><td>0.10～0.20</td><td colspan="6"></td><td>0.15</td></tr>
<tr><td rowspan="2">沥青混凝土
沥青碎石</td><td rowspan="2">0.15～0.45</td><td>温度(℃)</td><td><0</td><td>20</td><td>30</td><td>40</td><td>>50</td><td rowspan="2">0.35</td></tr>
<tr><td>μ</td><td>0.15</td><td>0.2</td><td>0.3</td><td>0.4</td><td>0.45</td></tr>
<tr><td>水泥稳定基层</td><td>0.15～0.30</td><td colspan="6">无裂缝龄期长取小值,裂缝多龄期短取大值</td><td>0.20</td></tr>
<tr><td>石灰粉煤灰稳定基层</td><td>0.15～0.30</td><td colspan="6">同上</td><td>0.25</td></tr>
<tr><td>无结合料粒料基层</td><td>0.30～0.40</td><td colspan="6">碎石取低值</td><td>0.35</td></tr>
<tr><td>土基</td><td>0.30～0.50</td><td colspan="6">非黏性土 0.30,高黏性土可近 0.50</td><td>0.40</td></tr>
</table>

(4)弯沉系数的取值。贝克曼梁所测弯沉为轮隙中心的竖向变形。根据弹性层状体系下双圆均布荷载图式(图 7-4)可知,轮隙中心的计算弯沉值可由下式得出:

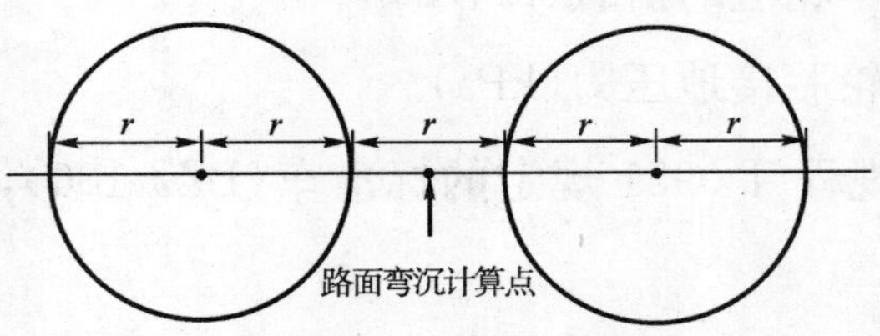

图 7-4　双圆均布荷载图式

$$W=-\frac{1+\mu_j}{E_j}q\delta\int_0^{\infty}\frac{J_0\left(\frac{r}{\delta}x\right)J_1(x)}{x}\left\{\left[A_j+\left(2-4\mu_j+\frac{z}{\delta}x\right)B_j\right]e^{-\frac{z}{\delta}x}+\left[C_j-\left(2-4\mu_j-\frac{z}{\delta}x\right)D_j\right]e^{-\frac{z}{\delta}x}\right\}dx \tag{7-3}$$

轮隙中心的计算弯沉值实际上是双圆在中心处产生竖向变形的叠加值，将其换算成当量圆单圆荷载下的弯沉，去除荷载、荷载半径、模量等常量的影响，即可得弯沉系数为 $a=0.712$。

5 报告

报告应包括弯沉测定表、计算的代表弯沉、采用的泊松比及计算得到的材料回弹模量 E_1 等，对沥青路面应报告测试时的路面温度。

T 0945—2008 动力锥贯入仪测定路基路面回弹模量试验方法

动力锥贯入仪(Dynamic Cone Penetrometer，简称 DCP)在英国、美国、南非等国家被广泛用于测定路面结构性能，它是通过测定路基路面对锥杆的贯入阻力来评价强度的一种方法。对于 DCP 与回弹模量的关系，目前国内还处于探研阶段，实际应用中宜根据实际情况标定后采用。

1 目的与适用范围

本方法适用于动力锥贯入仪(DCP)现场快速测定或评估无结合料材料路基、路面的强度。

本方法适用于动力锥贯入仪(DCP)现场快速测定或评估无结合料材料路基、路面的强度。实际使用中，对细粒土的检测效果较好，对于粗粒土、土石混填、压实后的粒料基层，检测过程有一定难度。

2 仪具与材料技术要求

本方法需要下列仪具与材料：

(1)动力锥贯入仪(DCP):结构与形状如图 T 0945-1 所示,包括手柄、落锤、导向杆、联轴器(锤座)、扶手、夹紧环、探杆、1m 刻度尺、锥头。

标准落锤质量为 8kg 或 10kg。

锥头锥尖角度为 90°、60°或 30°等,最大直径 20mm。锥头最大允许磨损尺寸,尖端为 4mm,直径为 10%,否则必须更换。

(2)电钻。

(3)其他:扳手、铁铲、记录本等。

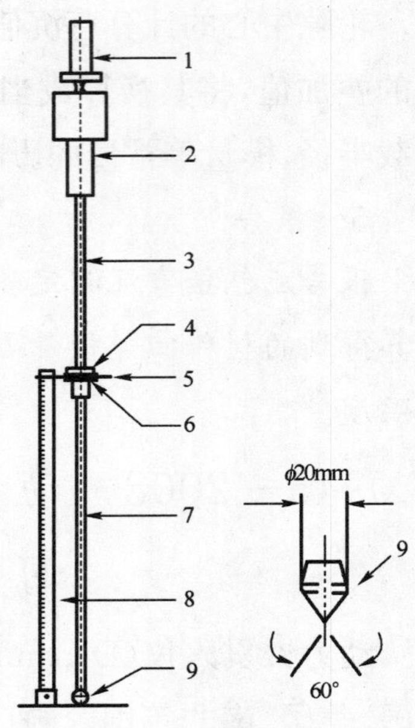

图 T 0945-1　动力锥贯入仪的结构与形状示意图

1-手柄;2-落锤;3-导向杆;4-联轴器;5-扶手;6-夹紧环;7-探杆;8-1m 刻度尺;9-锥头

3　方法与步骤

3.1　准备工作

(1)利用当地材料进行对比试验,建立现场 CBR 值或强度与用 DCP 测定的贯入度 D_d 或贯入阻力 Q_d 之间的相关关系。测点数宜不少于 15 个,相关系数 R 应不小于 0.95。

南非在使用中积累了 DN 值与土的弹性模量(E)、加州承载比(CBR)、无侧限抗压强度(UCS)等相应土性指标的关系,现列于如下,以供参考。

DN 与 CBR 关系式:

$$CBR=441DN^{-1.31} \tag{7-4}$$

DN与E关系式：

$$E=1\,123DN^{-1.064} \tag{7-5}$$

DN与UCS关系式：

$$UCS=3\,218DN^{-1.158} \tag{7-6}$$

各单位在实践中应注意积累相关数据，以供规程修订时研用。

(2)放入落锤，将仪器的导向杆与探杆在联轴器处紧固连接，保证不会松动。

(3)将DCP竖直立于硬地(如混凝土)上，然后记录零读数。

在实际现场试验时，往往由于以下两个原因，在装配好仪器后，一般直接在确定的测点位置垂直竖立起贯入仪，待平稳后读取初始读数。

由于贯入仪及落锤自身的重量，竖立好仪器后在土质表面已经贯入少量深度，采用在硬质表面读取的初始读数就会带来误差。若在竖立贯入仪同时托起落锤不使其重量加在贯入杆上相对好一些，但操作困难。

测试现场表面并不平整，米尺立点位置和贯入点位置的高差每次均不同。

(4)根据需要选择有代表性的测点，测点应位于平整的路基、路面基层、面层上。如果要探测的层位上面有难以穿透的坚硬结构层时，应钻孔或刨挖至其顶面。

3.2 测试步骤

(1)将 DCP 放至测点位置。一人手扶仪器手柄,使探杆保持竖直。一人提起落锤至导向杆顶端,然后松开,使之呈自由落体下落。如果试验中探杆稍有倾斜,不可扶正;如果倾斜较大,造成落锤不是自由落体,则该点试验应废弃。

(2)读取贯入深度。每贯入约 10mm 读一次数,记录锤击数和贯入量(mm)。

注:对于粒料基层,可能每 5 次或 10 次锤击读数一次;对于比较软弱的结构层,可能每 1~2 次锤击读数一次。

(3)连续锤击、测量,直到需要的结构层深度。当材料层坚硬,贯入量低到连续锤击 10 次而无变化时,可以停止试验或钻孔透过后继续试验。

(4)将落锤移走,从探坑中取出 DCP 仪器。

试验时往往至少需要 3~4 人,一人扶贯入杆,一人举升落锤,一人读取并记录贯入读数(或一人读数,一人记录)。根据贯入点土质的坚硬程度,可以选择锤击 1~5 次记录一次米尺读数,以使每次读数间隔大于 10mm,从而减少读数误差。

每个测试点建议进行两次平行测试,以作校验。

4 计算

(1)DCP 的测试结果可用以锤击次数为横坐标、贯入深度为纵坐标的贯入曲线表示,或使用专用的计算机程序进行处理,得出结构层材料的现场强度或 CBR 值等。

(2)通常可以计算出贯入度(平均每次的贯入量,mm/锤击次数)D_d,按得出的相关关系公式(T 0945-1)计算 CBR 值。

$$\lg(\mathrm{CBR})=a-b\cdot\lg D_{\mathrm{d}} \qquad (\mathrm{T\ 0945\text{-}1})$$

式中:CBR——结构层材料的现场 CBR 值;

D_{d}——贯入度(mm);

a、b——回归系数。

(3)也可以按荷兰公式(T 0945-2)计算出动贯入阻力 Q_{d},按得出的相关关系公式(T 0945-3)计算 CBR 值。

$$Q_d=\frac{m}{m+m_0}\cdot\frac{MgH}{A} \qquad (\mathrm{T\ 0945\text{-}2})$$

式中:Q_{d}——动贯入阻力(kPa);

m_0——贯入器即被打入部分(包括锥头、探杆、锤座和导向杆等)的质量(kg);

m——落锤质量(kg);

g——重力加速度,$g=9.8\mathrm{m/s^2}$;

H——落距(m);

A——探头截面积($\mathrm{cm^2}$)。

$$\lg(\mathrm{CBR})=a+b\cdot\lg Q_{\mathrm{d}} \qquad (\mathrm{T\ 0945\text{-}3})$$

式中:CBR——结构层材料的现场 CBR 值;

Q_{d}——动贯入阻力(kPa);

a、b——回归系数。

根据现场测试结果,一般需要整理计算贯入度,即平均每次的贯入量(mm/锤击次数)D_{d},或利用专门计算机程序处理。以下举例说明贯入度计算方法(表 7-4)。

表 7-4　试验原始记录　　　　单位：mm

锤击次数 \ 点位	K000+000	K000+001	锤击次数 \ 点位	K000+000
0	53	53	0	
1	156	161	3	
2	281	257	6	
3	385	338	9	
4	440	410	12	
5	475	465	15	
6	518	505	18	

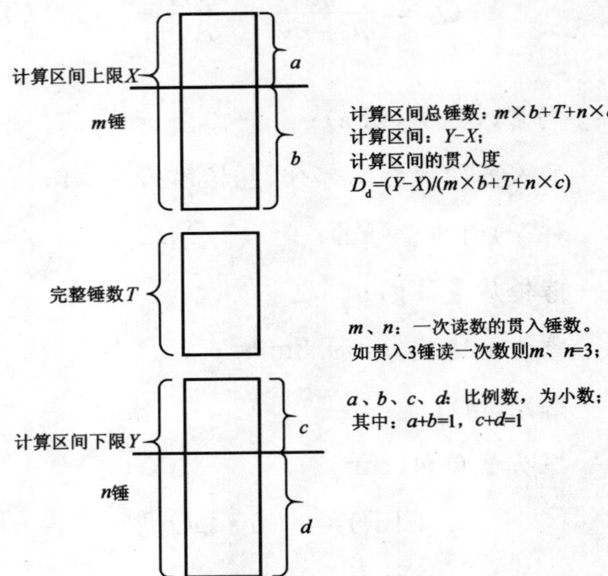

根据上述计算方法，计算出的分计贯入量见表 7-5。

表 7-5　计算后的分计贯入量　　　　单位：mm

锤击次数 \ 点位	1 号	2 号	锤击次数 \ 点位	1 号	2 号
1	103	108	4	55	72
2	125	96	5	35	55
3	104	81	6	43	40

由图 7-5，采用等比例内插的方式，可以计算出任意区间的贯入度。以 1 号点位为例，计算 0～30cm 的 DN 值，过程如下：

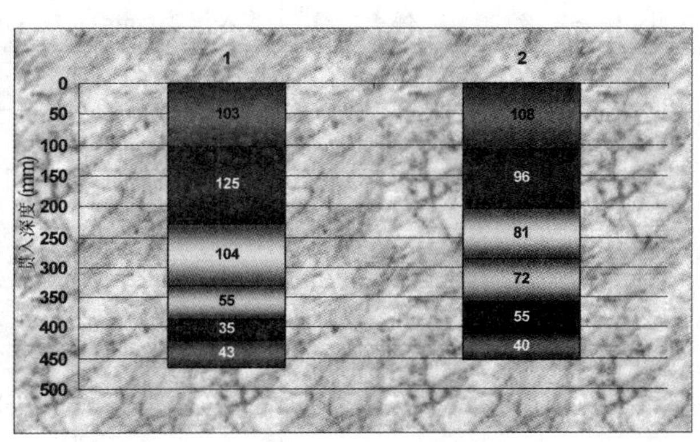

图 7-5

由图 7-5 可知，第三锤已经穿过 30cm。第三锤累计贯入深度为 332mm，超过 30cm 部分 32mm，第三锤的分计贯入值是 104mm，因此第三锤在 30cm 以下部分所占比例为：32/104＝0.31，在 30cm 以上部分所占比例为 1－0.31＝0.69，所以仪器贯入 0～30cm 仅用了 2＋0.69＝2.69 锤，因此 D_d 值就是单位锤数贯入的深度 DN ＝ 300mm/2.69 ＝ 111.5mm。

若求 30～60cm 范围的贯入值，则将跨过 30cm 及 60cm 的锤数按比例折算成小数计入总锤数。

5 报告

5.1 本试验采用的记录格式如表 T 0945 所示。

表 T 0945　动力锥贯入仪试验记录表

工程名称：		路面(路基)结构：		
测点桩号：		测试日期：	年　月　日	
序号	锤击次数	∑锤击次数	贯入深度(mm)	贯入度 D_d(mm)

5.2　测试报告应包括下列事项：

(1)动力锥贯入仪的型号参数。

(2)各测点的位置桩号、锤击次数及相应的贯入量，并附贯入曲线图。

(3)数据处理方法，现场强度或 CBR 值、结构层厚度等。

8 承载能力

路面结构承载力的合理定义为:路面结构在达到不能接受的结构性破坏或功能性破坏之前,所能承受的一定类型车辆的通过次数。一般认为,沥青路面开裂造成的结构性破坏主要与面层材料中的最大拉应力或最大拉应变有关,路面出现车辙或平整度降低造成的功能性破坏主要与基层或路基散粒体材料中的最大压应力或最大压应变有关。国际沥青路面协会 1989 年颁发的《沥青路面评价和罩面设计指南》推荐的沥青路面承载能力计算公式为:

对沥青面层:

$$N = 10^6 \times \left[\frac{\varepsilon_t}{240} \times \left(\frac{E_{ac}}{3\,000}\right)^{0.85}\right]^{-3.29} \tag{8-1}$$

对散粒体材料(基层及路基):

$$N = 10^6 \times \left[\frac{\sigma_v}{0.164} \times \left(\frac{E_u}{160}\right)^{b}\right]^{-3.26} \tag{8-2}$$

式中:N——路面承载力,标准轴载下的容许累计当量次数;

ε_t——沥青面层的最大拉应变(10^{-6}mm/mm);

E_{ac}——沥青面层的弹性模量(MPa);

σ_v——基层或路基的最大压应力(MPa);

E_u——相应基层或路基的弹性模量(MPa)。

其中，$E_u<160$MPa 时，$b=-1.16$，其他 $b=-1.0$，N 取各层中的最小值。

我国柔性路面设计是以回弹模量作为设计参数，以弯沉作为力学控制指标。其力学意义为模型在竖向力作用下的表面竖向位移分量，即路基路面在荷载作用下，顶面发生的垂直变形。虽然大量实践和研究资料表明，路基路面弯沉与其承载能力并不存在简单的线性关系，但弯沉还是从某种程度上反映了路基路面的承载能力。直接应用表面弯沉作为承载力评估的指标具有明显的优点，因为野外测量容易，也不需要额外的计算分析。

T 0951—2008 贝克曼梁测定路基路面回弹弯沉试验方法

弯沉(Deflection)是表征路基路面整体强度的重要参数，虽然世界各国测试弯沉的设备和方法各有不同，但对弯沉基本概念的理解是相同的。弯沉一般是指路基或路面表面在规定标准车的荷载作用下轮隙位置产生的总垂直变形(总弯沉)或垂直回弹变形值(回弹弯沉)，以 0.01mm 为单位。

1 目的与适用范围

1.1 本方法适用于测定各类路基路面的回弹弯沉以评定其整体承载能力，可供路面结构设计使用。

1.2 沥青路面的弯沉检测以沥青面层平均温度 20℃时为准，当路面平均温度在 20℃±2℃以内可不修正，在其他温度测试时，对沥青层厚度大于 5cm 的沥青路面，弯沉值应予温度修正。

本方法测试的是路面结构体的静态回弹弯沉，而非总弯沉。总弯沉测定须采用后退加载法，对半刚性基层来说，弯沉影响范围大至3～5m，汽车必须距离测定点很远，对驾驶员技术要求很高，精确测定十分困难。为此，本试验法仅列入广泛应用的回弹弯沉测定方法。

弯沉温度修正的控制温度只是沥青面层平均温度，并非路表温度，更不是气温。另外，该方法不适合在大风或雨雪天气采用，周围有重型交通或震动时，也不宜采用。

2　仪具与材料技术要求

本方法需要下列仪具与材料：

(1)标准车：双轴，后轴双侧4轮的载重车，其标准轴荷载、轮胎尺寸、轮胎间隙及轮胎气压等主要参数应符合表T 0951的要求。测试车应采用后轴10t标准轴载BZZ-100的汽车。

我国一直规定用解放牌CA-10B型及黄河牌JN-150型作为两个荷载等级的标准车。但这两种车型渐趋灭绝，显然已不能作为标准车型。因此，对《公路柔性路面设计规范》标准车的规定进行修订，统一采用BZZ-100kN的荷载等级，取消对典型车型的规定，改为仅规定轴重、轮压、气压等主要参数，凡符合这些参数的车型皆可使用。即双轴、后轴双侧4轮的载重车，其标准轴荷载、轮胎尺寸、轮胎间隙及轮胎气压等主要参数应符合表T 0951的要求。根据国内外研究资料，影响路表弯沉测定的主要因素为荷载大小、轮胎尺寸、轮胎间距和轮胎压力，因此，建议在选择标准车的时候，轮胎规格选用10～20in(英寸)12PR层级以上或者 11～20in（英寸）12PR 层级以上的轮胎型号。这些货车类型的参数基本上能达到标准车的要求，不会出现标准车很难获得的情况。

表 T 0951　弯沉测定用的标准车参数

标准轴载等级	BZZ-100
后轴标准轴载 P(kN)	100±1
一侧双轮荷载(kN)	50±0.5
轮胎充气压力(MPa)	0.70±0.05
单轮传压面当量圆直径(cm)	21.30±0.5
轮隙宽度	应满足能自由插入弯沉仪测头的测试要求

（2）路面弯沉仪：由贝克曼梁、百分表及表架组成，贝克曼梁由合金铝制成，上有水准泡，其前臂（接触路面）与后臂（装百分表）长度比为 2∶1。弯沉仪长度有两种：一种长 3.6m，前后臂分别为 2.4m 和 1.2m；另一种加长的弯沉仪长 5.4m，前后臂分别为 3.6m 和 1.8m。当在半刚性基层沥青路面或水泥混凝土路面上测定时，应采用长度为 5.4m 的贝克曼梁弯沉仪；对柔性基层或混合式结构沥青路可采用长度为 3.6m 的贝克曼梁弯沉仪测定。弯沉采用百分表量得，也可用自动记录装置进行测量。

为避免支点变形带来的麻烦，目前一般均采用 5.4m 梁进行检测。贝克曼梁弯沉仪是该方法的关键仪器，试验前，应按照贝克曼梁相关行业标准及检定规程，对仪器挠度、顺直度等关键性能指标进行必要的检验，为试验准确性提供保障。

（3）接触式路表温度计：端部为平头，分度不大于 1℃。

（4）其他：皮尺、口哨、白油漆或粉笔、指挥旗等。

3 方法与步骤

3.1 准备工作

(1)检查并保持测定用标准车的车况及制动性能良好、轮胎胎压符合规定充气压力。

(2)向汽车车槽中装载(铁块或集料),并用地中衡称量后轴总质量及单侧轮荷载,均应符合要求的轴重规定,汽车行驶及测定过程中,轴重不得变化。

(3)测定轮胎接地面积:在平整光滑的硬质路面上用千斤顶将汽车后轴顶起,在轮胎下方铺一张新的复写纸和一张方格纸,轻轻落下千斤顶,即在方格纸上印上轮胎印痕,用求积仪或数方格的方法测算轮胎接地面积,准确至0.1cm^2。

(4)检查弯沉仪百分表量测灵敏情况。

(5)当在沥青路面上测定时,用路表温度计测定试验时气温及路表温度(一天中气温不断变化,应随时测定),并通过气象台了解前5d的平均气温(日最高气温与最低气温的平均值)。

(6)记录沥青路面修建或改建材料、结构、厚度、施工及养护等情况。

3.2 测试步骤

(1)在测试路段布置测点,其距离随测试需要而定。测点应在路面行车车道的轮迹带上,并用白油漆或粉笔画上标记。

(2)将试验车后轮轮隙对准测点后约3～5cm处的位置上。

(3)将弯沉仪插入汽车后轮之间的缝隙处,与汽车方向一致,梁臂不得碰到轮胎,弯沉仪测头置于测点上(轮隙中心前方

3～5cm 处)，并安装百分表于弯沉仪的测定杆上，百分表调零，用手指轻轻叩打弯沉仪，检查百分表应稳定回零。

弯沉仪可以是单侧测定，也可以是双侧同时测定。

(4)测定者吹哨发令指挥汽车缓缓前进，百分表随路面变形的增加而持续向前转动。当表针转动到最大值时，迅速读取初读数 L_1。汽车仍在继续前进，表针反向回转，待汽车驶出弯沉影响半径(约 3m 以上)后，吹口哨或挥动指挥红旗，汽车停止。待表针回转稳定后，再次读取终读数 L_2。汽车前进的速度宜为 5km/h 左右。

为了能够清晰地看到百分表正转和反转的过程，可适当加大轮隙与测点的距离，但不宜大于 15cm，否则容易发生碰梁现象。

安装百分表时，应注意留有一定的余地，因为测试过程中，百分表既要正转，也要反转，应调节百分表架与测定杆到合适的接触深度。然后百分表调零，用手指轻轻叩打弯沉仪，检查百分表应稳定回零。连续测试时，一般不必每次调零，但须记录百分表初始读数，这样可以提高检测效率。

3.3　弯沉仪的支点变形修正

(1)当采用长度为 3.6m 的弯沉仪进行弯沉测定时，有可能引起弯沉仪支座处变形，在测定时应检验支点有无变形。如果有变形，此时应用另一台检测用的弯沉仪安装在测定用弯沉仪的后方，其测点架于测定用弯沉仪的支点旁。当汽车开出时，同时测定两台弯沉仪的弯沉读数，如检验弯沉仪百分表有读数，即应该记录并进行支点变形修正。当在同一结构层上测定时，可在不同位置测定 5 次，求取平均值，以后每次测定时以此作为修正值。支点变形修正的原理如图 T 0951-1 所示。

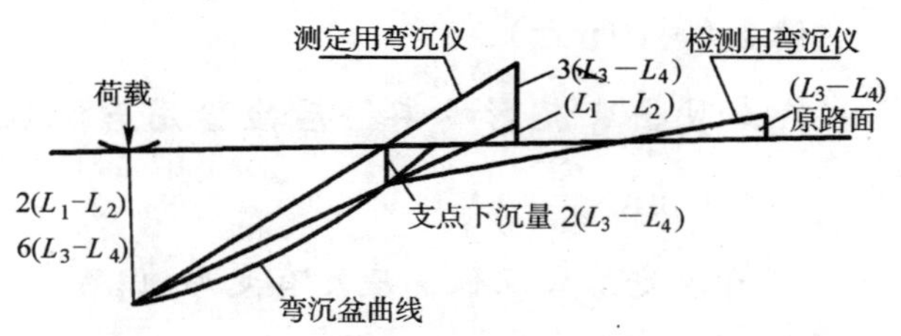

图 T 0951-1　弯沉仪支点变形修正原理

(2)当采用长度为 5.4m 的弯沉仪测定时，可不进行支点变形修正。

4　结果计算及温度修正

4.1　路面测点的回弹弯沉值按式(T 0951-1)计算：

$$l_t = (L_1 - L_2) \times 2 \qquad (T\ 0951\text{-}1)$$

式中：l_t——在路面温度 t 时的回弹弯沉值(0.01mm)；

L_1——车轮中心临近弯沉仪测头时百分表的最大读数(0.01mm)；

L_2——汽车驶出弯沉影响半径后百分表的终读数(0.01mm)。

4.2　当需进行弯沉仪支点变形修正时，路面测点回弹弯沉值按式(T 0951-2)计算。

$$l_t = (L_1 - L_2) \times 2 + (L_3 - L_4) \times 6 \qquad (T\ 0951\text{-}2)$$

式中：L_1——车轮中心临近弯沉仪测头时测定用弯沉仪的最大读数(0.01mm)；

L_2——汽车驶出弯沉影响半径后测定用弯沉仪的终读数

(0.01mm);

L_3——车轮中心临近弯沉仪测头时检验用弯沉仪的最大读数(0.01mm);

L_4——汽车驶出弯沉影响半径后检验用弯沉仪的终读数(0.01mm)。

注:此式适用于测定用弯沉仪支座处有变形,但百分表架处路面已无变形的情况。

4.3 沥青面层厚度大于5cm的沥青路面,回弹弯沉值应进行温度修正,温度修正及回弹弯沉的计算宜按下列步骤进行。

(1)测定时的沥青层平均温度按(T 0951-3)计算:

$$t=(t_{25}+t_m+t_e)/3 \qquad \text{(T 0951-3)}$$

式中:t——测定时沥青层平均温度(℃);

t_{25}——根据t_0由图T 0951-2决定的路表下25mm处的温度(℃);

t_m——根据t_0由图T 0951-2决定的沥青层中间深度的温度(℃);

t_e——根据t_0由图T 0951-2决定的沥青层底面处的温度(℃)。

图T 0951-2中t_0为测定时路表温度与测定前5d日平均气温的平均值之和(℃),日平均气温为日最高气温与最低气温的平均值。

(2)根据沥青层平均温度t及沥青层厚度,分别由图T 0951-3及图T 0951-4求取不同基层的沥青路面弯沉值的温度

修正系数 K。

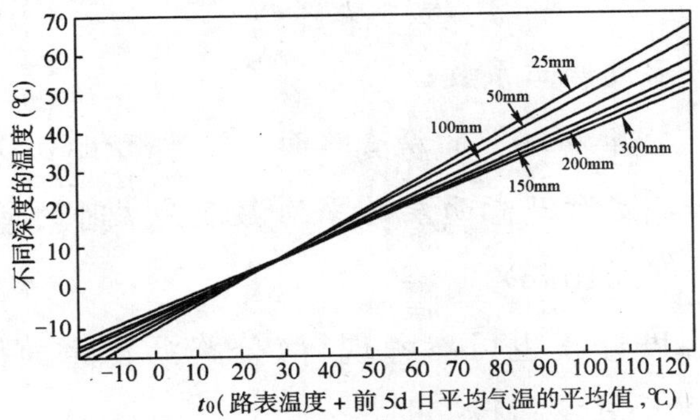

图 T 0951-2　沥青层平均温度的决定

注:线上的数字表示从路表向下的不同深度(mm)。

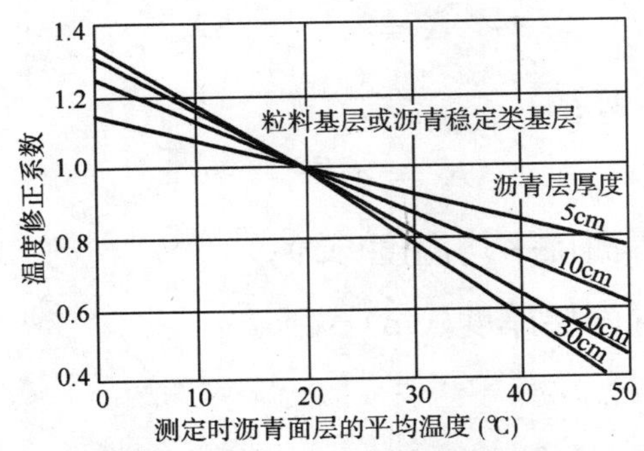

图 T 0951-3　路面弯沉温度修正系数曲线(适用于粒料基层及沥青稳定基层)

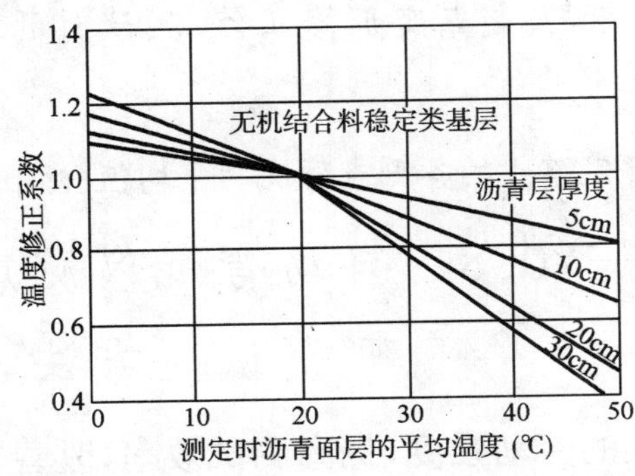

图 T 0951-4　路面弯沉温度修正系数曲线(适用于无机结合料稳定的半刚性基层)

(3)沥青路面回弹弯沉按式(T 0951-4)计算

$$l_{20} = l_t \times K \tag{T 0951-4}$$

式中:K——温度修正系数;

l_{20}——换算为20℃的沥青路面回弹弯沉值(0.01mm);

l_t——测定时沥青面层的平均温度为t时的回弹弯沉值(0.01mm)。

另外,温度修正也可参考现行《公路沥青路面设计规范》(JTG D50)的公式法执行。即:

当$t \geqslant 20$℃时

$$K = e^{\left(\frac{1}{t}-\frac{1}{20}\right)h} \tag{8-3}$$

当$t \leqslant 20$℃时

$$K = e^{0.002(20-t)h} \tag{8-4}$$

式中:t——沥青面层平均温度(℃);

h——沥青面层厚度(cm)。

5 报告

报告应包括下列内容:

(1)弯沉测定表、支点变形修正值、测试时的路面温度及温度修正值。

(2)每一个评定路段的各测点弯沉的平均值、标准差及代表弯沉。

T 0952—2008 自动弯沉仪测定路面弯沉试验方法

为了降低人的劳动强度,提高测试效率,改善采样数据的准确度,英法等国于20世纪70年代末期利用快速发展的电子和计算机技术研制开发出了自动弯沉仪。自动弯沉仪的基本测试原理是模仿贝克曼梁的工作方式，只是采用位移传感器替换了百分表进行自动测量，同时改变了测臂的长度比例，通过工业微机固化程序控制测量机构自动运作，并将所测弯沉值直接自动记录到微机中，减轻了测试人员的劳动强度。

1 目的与适用范围

1.1 本方法适用于各类 Lacroix 型自动弯沉仪在新建、改建路面工程的质量验收中，在无严重坑槽、车辙等病害的正常通车条件下连续采集沥青路面弯沉数据。

1.2 本方法的数据采集、传输、记录和处理分别由专用软件自动控制进行。

本方法测试的是路面结构体的静态总弯沉，而非回弹弯沉，与贝克曼梁弯沉有所区别。由于采取连续测量的方式，探测梁需要在被测路面上拖动，因此要求路面无严重坑槽、车辙等病害，避免损坏探测梁。

2 仪具与材料技术要求

2.1 Lacroix 型自动弯沉仪由承载车、测量机架及控制系统、位移、温度和距离传感器、数据采集与处理系统等基本部分组成，如图 T 0952 所示。

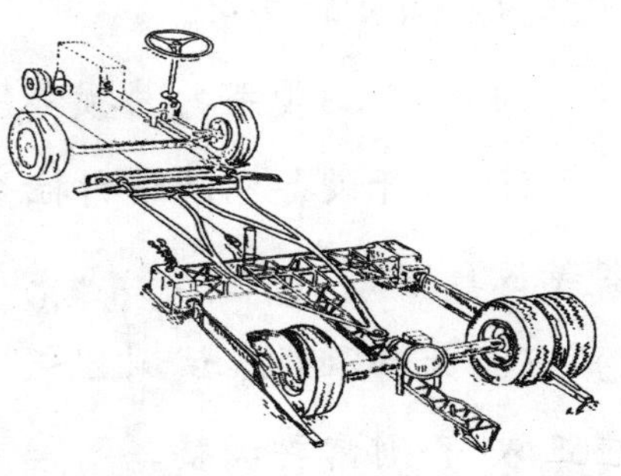

图 T 0952 自动弯沉仪的测量机构

2.2 设备承载车技术要求和参数

自动弯沉仪的承载车辆应为单后轴、单侧双轮组的载重车，其标准条件参考贝克曼梁测定路基路面回弹弯沉试验方法(T 0951—2008)中 BZZ-100 车型的标准参数。

2.3 测试系统基本技术要求和参数

(1)位移传感器分辨率：0.01mm。

(2)位移传感器有效量程：≥3mm。

(3)设备工作环境温度：0～60℃。

(4)距离标定误差：≤1%。

3 方法与步骤

3.1 准备工作

(1)位移传感器标定。每次测试之前必须按照设备使用手册规定的方法进行位移传感器的标定，记录标定数据并存档。

(2)检查承载车轮胎气压。每次测试之前都必须检查后轴轮胎气压，应满足 0.70MPa±0.05MPa 的要求。

(3)检查承载车轮载。一般每年检查一次，如果承载车因改装等原因改变了后轴载，也必须进行此项工作，后轴载应满足 100kN±1kN 的要求。

(4)检查测量架的易损部件情况，及时更换损坏部件。

(5)打开设备电源进行检查，控制面板功能键、指示灯、显示器等应正常。

(6)开动承载车试测 2～3 个步距，观察测试机构，测试机构应正常，否则需要调整。

一般来说，长期停放后的初次使用，需要进行传感器标定，且每年至少标定一次。检测时，启动系统后，如发现位移传感器为零，则表示工作不正常，须检查传感器，重新启动系统，若情况未发生改变，则可进行位移传感器标定。

检查轮胎气压容易被忽视，但轮胎气压是表征检测车是否满足 BZZ-100 的关键指标，每次测试之前，必须检查。

3.2　测试步骤

(1)测试系统在开始测试前需要通电预热，时间不少于设备操作手册要求，并开启工程警灯和导向标等警告标志。

(2)在测试路段前 20m 处将测量架放落在路面上，并检查各机构的部件情况。

(3)操作人员按照设备使用手册的规定和测试路段的现场技术要求设置完毕所需的测试状态。

(4)驾驶员缓慢加速承载车到正常测试速度，沿正常行车轨迹驶入测试路段。

(5)操作人员将测试路段起终点、桥涵等特殊位置的桩号输入到记录数据中。

(6)当测试车辆驶出测试路段后，操作人员停止数据采集和记录，并恢复仪器各部分至初始状态，驾驶员缓慢停止承载车，提起测量架。

(7)操作人员检查数据文件，文件应完整，内容应正常，否则需要重新测试。

(8)关闭测试系统电源，结束测试。

4　计算

(1)采用自动弯沉仪采集路面弯沉盆峰值数据。

(2)数据组中左臂测值、右臂测值按单独弯沉处理。

(3)对原始弯沉测试数据进行温度、坡度、相关性等修正。

自动弯沉仪测定的是路面结构总弯沉，我国现行设计规范中所采用的设计弯沉值都是指路面回弹弯沉值，所以需要经过相关性修正后才能用于路面评价或设计。关于自动弯沉仪所采集的弯沉盆数据，目前还没有统一的认识，因为它所采集的弯沉盆，是在测点不变、荷载位置发生变化的情况下采集得到的，与FWD的弯沉盆不是一个概念，并非真正意义上的弯沉盆。

5　弯沉值的横坡修正

当路面横坡不超过4%时，不进行超高影响修正，当横坡超过4%时，超高影响的修正参照表T 0952的规定进行。

表T 0952　弯沉值横坡修正

横坡范围	高位修正系数	低位修正系数
>4%	$\frac{1}{1-i}$	$\frac{1}{1+i}$

注：i是路面横坡(%)。

路面正常横坡一般在1.5%～2.0%之间，但在一些小半径的平曲线路段，路面横坡的超高会使自动弯沉仪两侧轮重差异加大，从而导致两个轮迹在不同荷载条件下进行弯沉测试。为了量化路面超高对弯沉测值的影响，首先分析自动弯沉仪在路面上的受力情况，如图8-1所示。

从受力和力矩平衡原理分析，可以得到下面的受力平衡方程式：

$$\begin{cases} F_A + F_B = G \cdot \cos\alpha & (8\text{-}5) \\ f = G \cdot \sin\alpha & (8\text{-}6) \\ f \cdot h + F_A \cdot \dfrac{L}{2} = F_B \cdot \dfrac{L}{2} & (8\text{-}7) \end{cases}$$

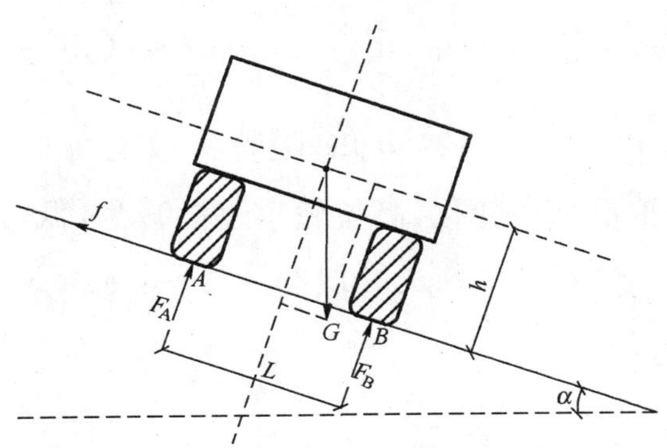

图 8-1 自动弯沉仪受力分析图

G-重力;L-轮距;h-重心距路面距离;α-路面倾角

由力矩平衡公式(8-7)得到:

$$F_B = F_A + 2f\frac{h}{L} \tag{8-8}$$

由式(8-5)、式(8-6)、式(8-8)得到:

$$2F_A + 2G \cdot \sin\alpha\frac{h}{L} = G \cdot \cos\alpha$$

$$\Rightarrow F_A = G\left(\frac{1}{2}\cos\alpha - \frac{h}{L}\sin\alpha\right) \tag{8-9}$$

$$2F_A - 2G \cdot \sin\alpha \cdot \frac{h}{L} = G \cdot \cos\alpha$$

$$\Rightarrow F_B = G\left(\frac{1}{2}\cos\alpha + \frac{h}{L}\sin\alpha\right) \tag{8-10}$$

从目前国内现有自动弯沉仪型号测量，L 近似为 h 的两倍。这样可以将式(8-9)、式(8-10)简化为下面公式：

$$F_{\mathrm{A}}=\frac{G}{2}(\cos\alpha-\sin\alpha)=\frac{\sqrt{2}}{2}G\cdot\sin(45^{\circ}-\alpha) \quad (8\text{-}11)$$

$$F_{\mathrm{B}}=\frac{G}{2}(\cos\alpha+\sin\alpha)=\frac{\sqrt{2}}{2}G\cdot\sin(45^{\circ}+\alpha) \quad (8\text{-}12)$$

由式(8-11)、式(8-12)可知，随着横坡的增加，自动弯沉仪两个轮子的轮重都在变化，高位轮重逐渐减少，低位轮重逐渐增大。当 α(弧度)很小，$\cos\alpha$ 近似为 1，$\alpha\approx\sin\alpha\approx\tan\alpha$，$\tan\alpha=i$。$F_{\mathrm{A}}$ 可表示为：

$$F_{\mathrm{A}}=\frac{1}{2}G\cdot(1-\alpha) \quad (8\text{-}13)$$

所以，高位修正系数为$\frac{1}{1-i}$，低位修正系数为$\frac{1}{1+i}$。

6　自动弯沉仪与贝克曼梁弯沉测值对比试验

6.1　试验条件

(1)按弯沉值不同水平范围选择不少于 4 段路面结构相似的路段。路段长度可为 300～500m，标记好起终点位置。

(2)对比试验路段的路面应清洁干燥，温度应在 10～35℃范围内，并且温度变化不大的时间，天气宜选择在晴天无风条件，试验路段附近没有重型交通和震动。

6.2　试验步骤

(1)按照第 3.2 条的步骤，令自动弯沉仪按照正常测试车速测试选定路段，工作人员仔细用油漆每隔三个测试步距或约

20m 标记测点位置。

(2)自动弯沉仪测试完毕后,等待 30min。然后,在每一个标记位置用贝克曼梁按照贝克曼梁测定路基路面回弹弯沉试验方法测定各点回弹弯沉值。

6.3 试验数据处理

从自动弯沉仪的记录数据中按照路面标记点的相应桩号提出各试验点测值,并与贝克曼梁测值一一对应,用数理统计的回归分析方法得到贝克曼梁测值和自动弯沉仪测值之间的相关关系方程,相关系数 R 不得小于 0.95。

由于路面结构和路基条件的不同都会影响相关关系式的建立,因此选择对比试验的路段时,路面路基条件应基本相同。对于一个地区而言,可以选择几种不同的路面结构及路基条件,分别建立相关关系式进行换算。为了使关系式更具有代表性,对比试验路段的弯沉分布应尽量加宽。在做对比试验时,路段附近应没有重型交通和震动,这两种情况都对测值有较大影响。且测试路段宜选在正常横坡、纵坡较小的路段。自动弯沉仪测试速度一定,不考虑测试速度的影响。

在做贝克曼梁测试时,承载车不可长时间作用在测点的路面上。因此,选择每隔三个测试步距确定一个对比点。为了给路面一个充分的恢复时间,当自动弯沉仪测完后,等待 30min 后再进行贝克曼梁弯沉测试。

7 报告

测试报告中应该包括以下内容:

(1)弯沉平均值、标准差、代表值、测试时的路面温度及温度修正值。

(2)自动弯沉仪测值与贝克曼梁测值的相关关系式及相关系数。

T 0953—2008 落锤式弯沉仪测定弯沉试验方法

对于落锤式弯沉仪(FWD),弯沉是指与落锤重量对应的当量荷载使路表面产生的瞬时变形值,而弯沉盆是指弯沉的分布曲面。

1 目的与适用范围

本方法适用于测定在落锤式弯沉仪(FWD)标准质量的重锤落下一定高度发生的冲击荷载作用下,路基或路面表面所产生的瞬时变形,即测定在动态荷载作用下产生的动态弯沉及弯沉盆,并可由此反算路基路面各层材料的动态弹性模量,作为设计参数使用。所测结果经转换至回弹弯沉值后可用于评定道路承载能力,也可用于调查水泥混凝土路面接缝的传力效果,探查路面板下的空洞等。

本方法适用于测定在落锤式弯沉仪(FWD)标准质量的重锤落下一定高度发生的冲击荷载作用下,路基或路面表面所产生的瞬时变形,即测定在动态荷载作用下产生的动态弯沉及弯沉盆。

(1)落锤式弯沉仪(FWD)采用的是冲击荷载,与贝克曼梁及自动弯沉仪的荷载形式有区别。从某种程度上讲，它的冲击荷载更好地模拟了车辆在实际行驶中对路面的作用。FWD是测定在动态荷载作用下产生的动态弯沉及弯沉盆，而且FWD输出的弯沉峰值，是总弯沉，而不是回弹弯沉。因此，其值与贝克曼梁的静态弯沉不可直接对比。按照我国现行路面结构设计及评价体系，FWD所测结果经转换至回弹弯沉值后才可用于评定道路承载能力。

(2)关于利用落锤式弯沉仪(FWD)数据反算路基路面各层材料弹性模量的技术，一直是国际上的热门研究课题，各种反算方法层出不穷，但目前，反算技术在我国的应用范围极为有限。

(3)通过对数据的分析，FWD还可用于调查水泥混凝土路面接缝的传力效果，探查路面板下的空洞等。

2 仪具与材料技术要求

本方法需要下列仪具与材料：

落锤式弯沉仪：简称FWD，由荷载发生装置、弯沉检测装置、运算控制系统与车辆牵引系统等组成。

(1)荷载发生装置，重锤的质量及落高根据使用目的与道路等级选择，荷载由传感器测定，如无特殊需要，重锤的质量为200kg±10kg，可采用产生50kN±2.5kN的冲击荷载，承载板宜为十字对称分开成4部分且底部固定有橡胶片的承载板。承载板的直径一般为300mm。

(2)弯沉检测装置，由一组高精度位移传感器组成，如图T0953所示，传感器可为差动变压器式位移计(LVDT)或地震检波器。自承载板中心开始，沿道路纵向隔开一定距离布设一组传感器，传感器总数不少于7个，建议布置在0～250cm范围以内，必须包括0、30、60、90四点，其他根据需要及设备性能决定。

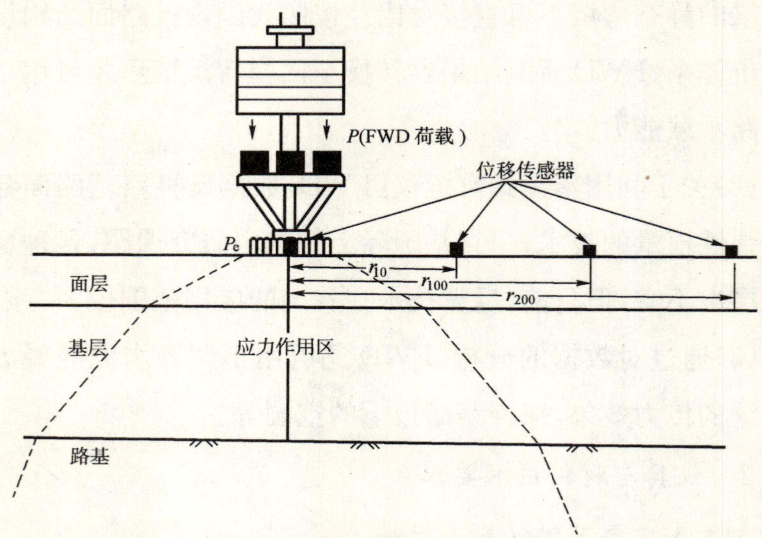

图T 0953　落锤式弯沉仪传感器布置及应力作用状态示例

(3)运算及控制装置：能在冲击荷载作用的瞬间内，记录冲击荷载及各个传感器所在位置测点的动态变形。

(4)牵引装置：牵引FWD并安装运算及控制装置的车辆。

3　方法与步骤

3.1　准备工作

(1)调整重锤的质量及落高，使重锤的质量及产生的冲击荷载符合第2条的要求。

(2)在测试路段的路基或路面各层表面布置测点，其位置或距离随测试需要而定。当在路面表面测定时,测点宜布置在行车道的轮迹带上。测试时,还可利用距离传感器定位。

(3)检查 FWD 的车况及使用性能,用手动操作检查,各项指标符合仪器规定要求。

(4)将 FWD 牵引至测定地点,将仪器打开,进入工作状态。牵引 FWD 行驶的速度不宜超过 50km/h。

(5)对位移传感器按仪器使用说明书进行标定,使之达到规定的精度要求。

落锤式弯沉仪(FWD)是通过一定质量的重物自由落下锤击一块具有一定刚性的承载板作用于路表,然后通过按一定间距布置的传感器测定路表的变形响应(即所谓的弯沉盆)。其分析模型如图 8-2。

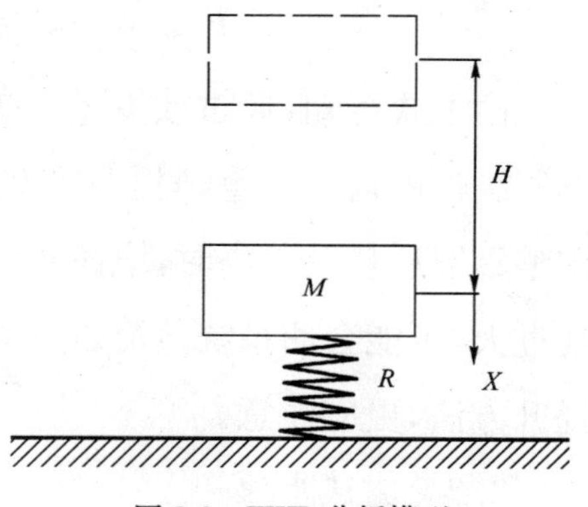

图 8-2 FWD 分析模型

假定质量为 m 的落锤从 h 高度落下,根据能量转换公式:

$$mgh = \frac{1}{2}mv^2 \tag{8-14}$$

刚度为 k 承载板,受到落锤冲击后产生振动,其振动方程为:

$$z = C_1\cos\omega t + C_2\sin\omega t \tag{8-15}$$

式中:ω——振动频率;

t——时间;

C_1、C_2——待定系数。

由初始条件：$z_{t=0}=0$　$\dot{z}_{t=0}=v$ 解得振动方程的系数：$C_1=0$，$C_2=\frac{\sqrt{2gh}}{\omega}$，并注意到：$\omega=\sqrt{k/m}$。

将系数代入振动方程，并计算 z 的二阶导数得：

$$z''=\omega\sqrt{2gh}=\sqrt{\frac{2ghk}{m}}$$

最后可根据牛顿定律，得到路面所受的最大冲击力为：

$$F_{\max}=mz''=\sqrt{2ghkm} \tag{8-16}$$

由上式可知，通过改变落锤的质量和落高就可对路表施加不同级位的荷载。重锤提升方法一般有液压式和电动式两种，调整重锤质量及落高时，应注意整个系统的负荷条件，锤重或落高过大，可能会使系统负荷过重而发生故障，特别对于电动式的提升方法，更应注意。

3.2　测试步骤

(1)承载板中心位置对准测点，承载板自动落下，放下弯沉装置的各个传感器。

(2)启动落锤装置，落锤瞬即自由落下，冲击力作用于承载板上，又立即自动提升至原来位置固定。同时，各个传感器检测结构层表面变形，记录系统将位移信号输入计算机，并得到峰值，即路面弯沉，同时得到弯沉盆。每一测点重复测定应不少于3次，除去第一个测定值，取以后几次测定值的平均值作为计算依据。

(3)提起传感器及承载板,牵引车向前移动至下一个测点,重复上述步骤,进行测定。

每个测点落锤不少于3次,一般认为第一锤可让路基结构基本稳定,第二锤仪器自身稳定,试验可直接取第3次落锤测值,也可取后几次测值的平均值。

4 落锤式弯沉仪与贝克曼梁弯沉仪对比试验步骤

4.1 路段选择。选择结构类型完全相同的路段,针对不同地区选择某种路面结构的代表性路段,进行两种测定方法的对比试验,以便将落锤式弯沉仪测定的动弯沉换算成贝克梁测定的回弹弯沉值。选择的对比路段长度300~500m,弯沉值应有一定的变化幅度。

4.2 对比试验步骤

(1)采用与实际使用相同且符合要求的落锤式弯沉仪及贝克曼梁弯沉仪测定车。落锤式弯沉仪的冲击荷载应与贝克曼梁弯沉仪测定车的后轴双轮荷载相同。

(2)用油漆标记对比路段起点位置。

(3)按第3.1条布置测点位置,按本规程T 0951的方法用贝克曼梁定点测定回弹弯沉。测定车开走后,用粉笔以测点为圆心,在周围画一个半径为15cm的圆,标明测点位置。

(4)将落锤式弯沉仪的承载板对准圆圈,位置偏差不超过30mm,按第3条进行测定。两种仪器对同一点弯沉测试的时间间隔不应超过10min。

(5)逐点对应计算两者的相关关系。

通过对比试验得出回归方程式 $L_B=a+bL_{FWD}$，式中 L_{FWD}、L_B 分别为落锤式弯沉仪、贝克曼梁测定的弯沉值。回归方程式的相关系数 R 应不小于0.95。

注：由于路面结构和材料、路基状况、温度、水文条件、路面使用状况不同，对比关系也有所不同，为了提高数据的准确性，应分各种情况做此项对比试验。

在实际对比试验中，由于不同路面结构和材料、路基状况、温度、水文条件、路面使用状况不同以及动静弯沉的固有区别，两者的相关性很难达到要求。在这种情况下，一般可从以下两个因素考虑。

(1)综合考虑路面结构和材料、路基状况、温度、水文条件、路面使用状况等因素，对路面进行分类，分别做此项对比试验。

(2)利用 FWD 的荷载及时程数据，换算出路面的回弹弯沉，再与贝克曼梁弯沉做对比分析。

落锤式弯沉仪时程曲线如图 8-3 所示。

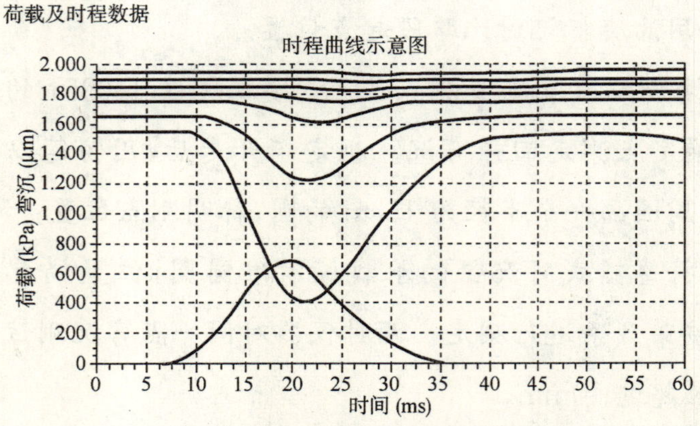

图 8-3　落锤式弯沉仪时程曲线示意图

5 水泥混凝土路面板调查的方法与步骤

5.1 在测试路段的水泥混凝土路面板表面布置测点，当为调查水泥混凝土路面接缝的传力效果时，测点布置在接缝的一侧，位移传感器分开在接缝两边布置。当为探查路面板下的空洞时，测点布置位置随测试需要而定，应在不同位置测定。

5.2 按第3条进行测定。

6 计算

6.1 按桩号记录各测点的弯沉及弯沉盆数据，按本规程附录B的方法计算一个评定路段的平均值、标准差、变异系数。

6.2 当为调查水泥混凝土路面接缝的传力效果时，利用分开在接缝两边布置的位移传感器的测定值的差异及弯沉盆的形状，进行判断。

6.3 当为探查路面板下的空洞时，利用在不同位置测定的测定值的差异及弯沉盆的形状，进行判断。

(1)应用落锤式弯沉仪(FWD)在水泥混凝土路面上，进行接缝的传力效果及板下地基脱空的评定，实际上是通过分析接缝传荷效果及板下脱空对弯沉的影响规律来实现的。国内外在这方面已取得了很多成果，在路面使用性能评价中得到了广泛的应用。但由于评定方法仍未得到广泛认同，评定结果与实际情况仍存在不一致性，因此需对脱空评定方法及其理论进行进一步的研究。

目前，普遍认为：脱空一般都发生在刚性道面板的缝边与板角处，评定脱空状况的关键是区分脱空与接缝传荷能力变化分别对弯沉产生的影响。即利用 FWD 不同荷载等级下的路面弯沉,分析荷载—弯沉曲线的特征,区分脱空状况与接缝传荷状况对弯沉的影响,进而达到评定脱空状况。脱空的位置和范围,也可借助有限元进行分析,由缝边的板角弯沉值和接缝传荷系数,计算出基础的刚度参数,将此刚度系数与无脱空状态(均匀接触)时标准基础刚度进行比较,得出板下脱空的位置和范围。

(2)利用 FWD 弯沉数据进行路面结构模量反分析是一个非常复杂而困难的问题,不管是采用线性或非线性还是考虑静载或动载等力学分析模型计算路面结构的弯沉,模量反算最终都可归结为非线性最优化问题,即如何采用有效的最优化算法和数据处理方法寻找最优的路面结构层力学参数组合,使得 FWD 的实测弯沉盆与力学计算的理论弯沉盆之间达到最佳的拟合。大致可以从以下两个方面进行分类:

①力学分析模型:静态线性模型、静态非线性模型、动态线性模型和动态非线性模型;

②拟合优化算法:图表法和回归公式法、数据库搜索法、迭代法、遗传算法、人工神经网络法、同伦方法等。

路面结构模量反算大致经历三个阶段:第一阶段是,根据静态力学理论,利用静态弯沉数据进行反算,本规程 T 0943—2008 和 T 0944—1995 就是最初的应用;第二阶段是,根据静态力学理论,利用动态弯沉数据进行反算,大多数基于 FWD 弯沉数据的模量反算方法停留在此阶段,因此,利用 FWD 数据反算出的弹性模量,并非真正的"动态"弹性模量;第三阶段是模量反算技术努力的方向,即根据动态力学理论,利用动态弯沉数据进行反算。

各单位在实践中应注意总结经验,共同推进FWD模量反算技术的发展。

7 报告

7.1 报告应包括下列内容:

(1)各测点的最大弯沉及弯沉盆测定数据。

(2)每一个评定路段全部测点弯沉的平均值、标准差、变异系数及代表弯沉。

7.2 如与贝克曼梁弯沉仪进行了对比试验,尚应报告相关关系式、相关系数、换算的回弹弯沉。

9 水泥混凝土强度

T 0954—1995 回弹仪测定水泥混凝土强度试验方法

1 目的与适用范围

1.1 本方法适用于在现场对水泥混凝土路面及其他构筑物的普通混凝土抗压强度的快速评定，所试验的水泥混凝土厚度不得小于100mm，温度应不低于10℃。

1.2 回弹法试验可作为试块强度的参考，不得用于代替混凝土的强度评定，不适于作为仲裁试验或工程验收的最终依据。

所试验的水泥混凝土厚度不得小于100mm是为防止回弹时产生颤动造成回弹能量损失，使检测结果偏低。

在正常情况下，混凝土强度的检验与评定应按现行国家标准《混凝土结构工程施工质量验收规范》(GB 50204)、《水泥混凝土路面施工及验收规范》(GBJ 97)和《混凝土强度检验评定标准》(GBJ 107)的规定执行，但当对结构中混凝土实际强度有检测要求时，可按本规程进行检测，检测结果可作为处理混凝土质量的一个依据。

2 仪具与材料技术要求

本方法需要下列仪具和材料：

(1)混凝土回弹仪：指针直读式的混凝土回弹仪，构造和主要零件名称见图 T0954，也可采用数字显示式或自记录式的回弹仪。回弹仪应符合下列标准：

①水平弹击时，在弹击锤脱钩的瞬间，回弹仪的标称动能应为 2.207J。

②弹击锤与弹击杆碰撞的瞬间，弹击拉簧处于自由状态，此时弹击锤起点应位于刻度尺的零点处。

③在洛氏硬度为 HRC60±2 的钢砧上，回弹仪的率定值应为 80±2。

(2)酚酞酒精溶液：浓度 1%。

(3)手提式砂轮。

(4)钢砧：洛氏硬度 HRC 60±2。

(5)其他：卷尺、游标卡尺、凿子、锤、吸耳球等。

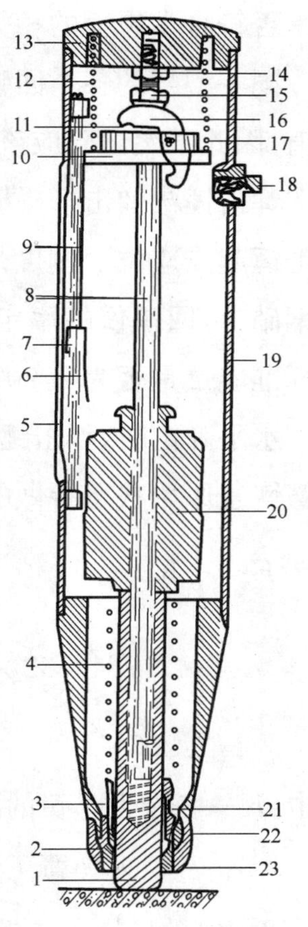

图 T 0954　混凝土回弹仪的结构

1-弹击杆；2-盖帽；3-缓冲压簧；4-弹击拉簧；5-刻度尺；6-指针片；7-指针块；8-中心导杆；9-指针轴；10-导向法兰；11-挂钩压簧；12-压簧；13-尾盖；14-紧固螺母；15-调零螺丝；16-挂钩；17-挂钩销子；18-按钮；19-外壳 20-弹击重锤；21-拉簧座；22-卡环；23-密封毡圈；

回弹仪应符合国家计量检定规程《混凝土回弹仪》(JJG 817)的要求，有计算功能的应检查其计算过程是否符合本规程的相关规定。

同一型号的各个回弹仪测定同一构筑物时会得出不同的回弹值，因此某次试验应该使用同一回弹仪进行测试。

弹击锤与弹击杆碰撞的瞬间，弹击拉簧处于自由状态，此时弹击锤起点应位于刻度尺的零点处；在洛氏硬度为 HRC60±2 的钢砧上，回弹仪的率定值应为 80±2。以上均是检验回弹仪的标准能量是否为 2.207J。

水平弹击时，弹击锤脱钩的瞬间，回弹仪的标准能量即弹击拉簧恢复原始状态所做的功为：

$$E=\frac{1}{2}KL^2$$

$$=\frac{1}{2}\times 784.532\times 0.075^2$$

$$=2.207\text{J}$$

式中：K——拉力弹簧的刚度系数(N/m)；

L——拉力弹簧工作时拉伸长度(m)。

3　回弹仪检定与保养

3.1　回弹仪有下列情况之一时，应送检定单位校验。检验合格的回弹仪应具有检定合格证，其有效期为半年。

(1)累计弹击次数超过 6000 次；

(2)弹击拉簧座、弹击杆、缓冲压簧、中心导杆、导向法兰、弹击锤、指针轴、指针片、指针块、挂钩及调零螺丝等主要零件之一经更换后；

(3)弹击拉簧前端不在拉簧座原孔位或调零螺丝松动；

(4)遭受严重撞击或其他损害。

3.2 回弹仪有下列情况之一时，应在钢砧上进行率定试验：

(1)进行构件测试前后，如连续数天测试，可在每天测试完毕后率定一次；

(2)测定过程中对回弹值有怀疑时。

如率定试验结果不在规定的80±2范围内，应对回弹仪进行常规保养后再行率定，如再次率定仍不合格，应送检定单位检验。

3.3 回弹仪率定步骤。

回弹仪率定试验，宜在室温为20℃±5℃的条件下进行。率定时，钢砧应稳固地平放在刚度大的混凝土地坪上，回弹仪向下弹击时，弹击杆应分4次旋转，每次旋转约90°，弹击3～5次，取其中最后连续3次且读数稳定的回弹值进行平均作为率定值。

回弹仪送检定单位检定的有效期为半年或累计弹击6 000次，是考虑到一般在此界限内，正常质量的弹击拉簧不会产生显著的塑性变形而影响其工作性能。

当钢砧率定值达不到80±2时，可按要求进行常规保养，若保养后仍不合格，可送检定单位检修。不允许人为旋转调零螺丝使其达到80±2值或将混凝土试块上的回弹值予以修正。

进行构件测试前后进行率定试验，如连续数天测试，可在每天测试完毕后率定一次，主要目的是为了在使用过程中及时发现和纠正回弹仪的非标准状态。

率定时，钢砧应稳固地平放在刚度大的混凝土地坪上，否则可能产生颤动引起测值偏小。率定时弹击杆分4次旋转，每次旋转约 90°,弹击 3～5 次,取其中最后连续 3 次且读数稳定的回弹值进行平均作为率定值,这是为了准确获得回弹仪的标准状态。

4　测试步骤

4.1　测区和测点布置

(1)当为水泥混凝土路面时,将一块混凝土板作为一个试样,试样的选择按附录 A 的方法进行。每个试样的测区数不宜少于 10 个,相邻两测区的间距不宜大于 2m;测区宜在试样的可测表面上均匀分布,并宜避开板边板角。

(2)对其他混凝土构造物,测区应避开位于混凝土内保护层附近设置的钢筋,测区宜在试样的两相对表面上有两个基本对称的测试面,如不能满足这一要求时,一个测区允许只有一个测面。

(3)测区表面应清洁、干燥、平整,不应有接缝、饰面层、粉刷层、浮浆、油垢以及蜂窝、麻面等,必要时可用砂轮清除表面的杂物和不平整处,磨光的表面不应有残留粉尘或碎屑。

(4)一个测区的面积宜不小于 200mm×200mm,每一测区宜测定 16 个测点,相邻两测点的间距宜不小于 3cm,测点距路面边缘或接缝的距离应不小于 5cm。

(5)对龄期超过 3 个月的硬化混凝土,应测定混凝土表层的碳化深度进行回弹值修正,也可用砂轮将碳化层打磨掉以后进行测定,但经打磨的与未经打磨的回弹值不得混在一起计算或与试块强度比较(未打磨)。

每个试样的测区数不宜少于10个是综合测区覆盖面、计算统计等因素确定的，同时也考虑了国家标准和其他行业标准及规范一般均以10个测区数作为界线。

弹击点附近混凝土表面质量及较浅的预埋件都会对回弹值产生影响，因此要求测区表面应达到一定要求，如确实很难找到表面质量完好的整片200mm×200mm的区域，在弹击时则应尽量选择局部完好的区域施测并注意避开预埋件。当在试样的两相对表面上有两个基本对称的测试面时，则每侧测定8个测点。

4.2 回弹值测定

在测试过程中，回弹仪的轴线应始终垂直于混凝土表面，具体操作应符合下列规定：

(1)将回弹仪的弹击杆顶住混凝土表面，轻压仪器，使按钮松开，弹击杆徐徐伸出，并使挂钩挂上弹击锤。

(2)手持回弹仪对混凝土表面缓慢均匀施压，待弹击锤脱钩，冲击弹击杆后，弹击锤即带动指针向后移动到达一定位置，指针刻度线在刻度尺上的示值即为该点的回弹值。

(3)使用上述方法在混凝土表面依次读数并记录回弹值，如条件不利于读数，可按下按钮，锁住机芯，将回弹仪移至他处读数，准确至1个单位。

(4)使用完毕后应将弹击杆压入仪器内，经弹击后按下按钮锁锁住机芯，待下一次使用。

施测时回弹仪应缓慢施压不能冲击，同一测点只允许弹击一次，以免回弹值读数不准确。

如因弹击点存在表观无法判断的气孔或石子等引起回弹值异常，该回弹值应予以舍去，并重新找点施测。

4.3 碳化深度测定

(1)对龄期超过3个月的混凝土，回弹值测量完毕后，可在每个测区上选择一处测量混凝土的碳化深度值。当相邻测区的混凝土生产工艺条件相同，龄期基本相同时，则该测区测得的碳化深度值也可代表相邻测区的碳化深度值。

(2)测量碳化深度值时，可用合适的工具在测区表面形成直径约为15mm的孔洞(其深度略大于混凝土的碳化深度)，然后用吸耳球吹去孔洞中的粉末和碎屑(不得用液体冲洗)，并立即用浓度为1%酚酞酒精溶液洒在孔洞内壁的边缘处，当已碳化与未碳化界限清楚时(未碳化部分变成紫红色)，用游标卡尺测量已碳化与未碳化交界面至混凝土表面的垂直距离1～2次，该距离即为混凝土的碳化深度值，每次测读精确至0.5mm。

一般认为碳化层会提高表面回弹值，所以用回弹法检测时要测量碳化深度修正回弹值。

因混凝土细观来说还是不均匀的，受局部振捣情况、集料等因素影响，碳化深度往往表现得不是很均匀。混凝土碳化深度测定的一般做法是在每个测区布设3个测点，取3个测点碳化深度平均值作为该测区的碳化深度值。

5 计算

5.1 对一个测区的16个测点的回弹值，去掉3个最大值及 3 个最小值，将其余 10 个回弹值按式(T 0954-1)计算测区平均回弹值。

$$\overline{N}_s=\frac{\sum N_i}{10} \qquad (T\ 0954\text{-}1)$$

式中：$\overline{N}_s$——测区平均回弹值，准确至 0.1；

N_i——第 i 个测点的回弹值。

5.2 当回弹仪非水平方向测试混凝土浇筑侧面时，应根据回弹仪轴线与水平方向的角度将测得的数据按式(T 0954-2)进行修正，计算非水平方向测定的回弹修正值。当测定水泥混凝土路面为向下垂直方向时，测试角度为－90°，回弹值修正值 Δ 见表 T 0954-1。

$$\overline{N}=\overline{N}_s+\Delta N \qquad (T\ 0954\text{-}2)$$

式中：$\overline{N}$——经非水平测定修正的测区平均回弹值；

$\overline{N}_s$——回弹仪实测的测区平均回弹值；

ΔN——非水平测量的回弹值修正值，由表 T 0954-1 或内插法求得，准确至 0.1。

表 T 0954-1 非水平方向测定的修正回弹值

ΔN 与水平方向所成的角度 / $\overline{N}_s$	+90°	+60°	+45°	+30°	−30°	−45°	−60°	−90°
20	−6.0	−5.0	−4.0	−3.0	+2.5	+3.0	+3.5	+4.0
30	−5.0	−4.0	−3.5	−2.5	+2.0	+2.5	+3.0	+3.5
40	−4.0	−3.5	−3.0	−2.0	+1.5	+2.0	+2.5	+3.0
50	−3.5	−3.0	−2.5	−1.5	+1.0	+1.5	+2.0	+2.5

注：表中未列入的 $\overline{N}_s$，可用内插法求得 。

5.3　平均碳化深度按式(T 0954-3)计算

$$\bar{L}=\frac{1}{n}\sum_{i=1}^{n}L_i \tag{T 0954-3}$$

式中：$\bar{L}$——碳化深度(mm)；

L_i——第 i 测点碳化深度(mm)；

n——测点数。

如平均碳化深度值 $\bar{L}$ 小于或等于 0.4mm 时，按无碳化处理(即平均碳化深度为 0)；如等于或大于 6.0mm 时，取 6.0mm。对新浇混凝土龄期不超过 3 个月者，可视为无碳化。

5.4　混凝土强度推算。

(1)当需要将回弹值换算为混凝土强度时，宜采用下列方法：

①有试验条件时，宜通过试验建立实际的测强曲线，但测强曲线仅适用于材料质量、成型、养护和龄期等条件基本相同的混凝土。混凝土标准试块尺寸为 15cm×15cm×15cm，采用 1.5、1.75、2.0、2.25、2.50 五个水灰比，以便得到不少于 30 对数据，试件与被测对象有相同的养护条件，到达龄期后，将试块用压力机加压至 30～50kN 稳住，用回弹仪在两侧面分别测定 8 个测点，按式(T0954-1)计算平均回弹值，然后进行抗压强度试验，用最小二乘法建立二者相关关系的推定式，推定式可为直线式或其他适当的形式，相关系数不得小于 0.90。然后根据测区平均回弹值利用测强曲线推定混凝土抗压强度。

②当无足够的试验数据或相关关系的推定式不够满意时，可按式(T 0954-4)推算混凝土抗压强度。

$$R = 0.025\overline{N}^2 \quad (\text{T 0954-4})$$

式中：R——水泥混凝土的抗压强度(MPa)；

$\overline{N}$——测区混凝土平均回弹值。

(2)在没有条件通过试验建立实际的测强曲线时，每个测区混凝土的抗压强度值 R_i 可按平均回弹值 $\overline{N}$ 及平均碳化深度值 $\overline{L}$ 根据表T 0954-2查出。

表 T 0954-2　测区混凝土抗压强度值换算表

平均回弹值 $\overline{N}$	测区混凝土抗压强度值 R_i(MPa)												
	平均碳化深度值 $\overline{L}$(mm)												
	0	0.5	1.0	1.5	2.0	2.5	3.0	3.5	4.0	4.5	5.0	5.5	6.0
20	10.3	9.9											
21	11.4	10.0	10.5	10.1									
22	12.5	12.0	11.5	11.0	10.6	10.2	9.8						
23	13.7	13.1	12.6	12.1	11.6	11.1	10.7	10.2	9.8				
24	14.9	14.3	13.7	13.2	12.6	12.1	11.6	11.2	10.7	10.3	9.8		
25	16.2	15.5	14.9	14.3	13.7	13.1	12.6	12.1	11.6	11.1	10.7	10.3	9.9
26	17.5	16.8	16.1	15.4	14.8	14.2	13.7	13.1	12.6	12.1	11.6	11.1	10.7
27	18.9	18.1	17.4	16.7	16.0	15.8	14.7	14.1	13.6	13.0	12.5	12.0	11.5
28	20.3	19.5	18.7	17.9	17.2	16.5	15.8	15.2	14.6	14.0	13.4	12.9	12.4
29	21.8	20.9	20.1	19.2	18.5	17.7	17.0	16.3	15.7	15.0	14.4	13.8	13.3
30	23.3	22.4	21.5	20.6	19.8	19.0	18.2	17.5	16.8	16.1	15.4	14.8	14.2
31	24.9	23.9	22.9	22.0	21.1	20.3	19.4	18.7	17.9	17.2	16.5	15.8	15.2
32	26.5	25.5	24.4	23.5	22.5	21.6	20.7	19.9	19.1	18.3	17.6	16.9	16.2
33	28.2	27.1	26.0	25.0	23.9	23.0	22.0	21.2	20.3	19.5	18.7	17.9	17.2
34	30.0	28.8	27.6	26.5	25.4	24.4	23.4	22.5	21.6	20.7	19.9	19.1	18.3
35	31.8	30.5	29.8	28.1	27.0	25.9	24.9	23.8	22.9	21.9	21.0	20.2	19.4
36	33.6	32.3	31.0	29.7	28.5	27.4	26.3	25.2	24.2	23.2	22.3	21.4	20.5
37	35.5	34.1	32.7	31.4	30.1	28.9	27.8	26.6	25.6	24.5	23.5	22.6	21.7
38	37.5	36.0	34.5	33.1	31.8	30.0	29.3	28.1	27.0	25.9	24.8	23.8	22.9

续上表

平均回弹值 $\overline{N}$	测区混凝土抗压强度值 R_i(MPa)												
	平均碳化深度值 $\overline{L}$(mm)												
39	39.5	37.9	36.4	34.9	33.5	32.2	30.9	29.6	28.4	27.8	26.2	25.1	24.1
40	41.6	39.9	38.3	36.7	35.3	33.8	32.5	31.2	29.9	28.7	27.5	26.4	25.4
41	43.7	41.9	40.2	38.6	37.0	35.6	34.1	32.7	31.4	30.1	28.9	27.8	26.6
42	45.9	44.0	42.2	40.5	38.9	37.8	35.8	34.4	33.0	31.6	30.4	29.1	28.0
43	8.1	46.1	44.3	42.5	40.8	39.1	37.5	36.0	34.6	33.2	31.8	30.6	29.3
44		48.3	46.4	44.5	42.7	41.1	39.5	37.9	36.4	34.9	33.3	32.0	30.7
45			48.5	46.6	44.7	42.9	41.1	39.5	37.9	36.4	34.9	33.5	32.1
46				48.7	46.7	44.8	43.0	41.3	39.6	38.0	36.5	35.0	33.6
47					48.8	46.8	44.9	43.1	41.3	39.7	38.1	36.5	35.1
48						48.8	46.8	44.9	43.1	41.4	39.7	38.1	36.6
49							48.8	46.9	45.0	43.1	41.4	39.7	38.1
50								48.8	46.8	44.9	43.1	41.4	39.7
51									48.7	46.8	44.9	43.1	41.8
52										48.6	46.7	44.8	43.0
53											48.5	46.5	44.6
54												48.3	46.4
55													48.1

注：表中未列入的 $\overline{N}$，可用内插法求得。

(3)按本规程附录B的方法计算测定对象全部测区的推定混凝土抗压强度的平均值、标准差、变异系数。

计算时应首先进行角度修正再进行碳化深度修正。角度为回弹仪弹击方向与水平方向所成的锐角，回弹仪向上弹击则角度为正，反之角度为负。

这里的“实际测强曲线”指的是专门为某批构筑物建立的，制作与其混凝土具有相同的材料、成型养护工艺配制的混凝土试件，通过上述试验方法所建立的专用测强曲线。

一般情况下，构筑物由于制作、养护等方面原因，其强度值要低于同条件试件强度值。

6 报告

(1)测区混凝土平均回弹值；

(2)测强曲线、回弹值与抗压强度的相关关系式，相关系数；

(3)各测区的抗压强度推定结果；

(4)推定的混凝土抗压强度的平均值、标准差、变异系数。

T 0955—1995 超声回弹法测定路面水泥混凝土抗弯强度试验方法

1 目的与适用范围

1.1 水泥混凝土路面的混凝土抗弯强度是标准条件下的梁式试件龄期28d时的抗弯强度。本方法适用于采用回弹仪、低频超声仪在现场对水泥混凝土路面按综合法进行快速检测，并利用测强曲线方程推算混凝土的抗弯强度。

1.2 本方法适用于视密度为1.9～2.5t/m^3，板厚大于100mm，龄期大于14d，强度已达到设计抗压强度80%以上的水泥混凝土。

1.3 本方法不适用于下列情况的水泥混凝土：

(1)隐蔽或外露局部缺陷区；

(2)裂缝或微裂区(包括路面伸缩缝和工作缝)；

(3)路面角隅钢筋和边缘钢筋处，特别是超声波与钢筋方向相同时；

(4)距路面边缘小于10cm的部位。

1.4　现场用超声回弹法测定不能代替试验室标准条件下的抗弯强度测定，本试验不适用于作为仲裁试验或工程验收的最终依据。

所试验的水泥混凝土厚度不得小于100mm是为防止回弹时产生颤动造成回弹能量损失，使检测结果偏低。

因为超声波在钢中的传播速度远高于在混凝土中的传播速度，所以测试时尽量避免两个换能器的连线与混凝土中布设的钢筋方向一致，保持40°～50°夹角比较理想。

现场测定不能代替试验室标准条件下的抗弯强度测定，当对结构中混凝土实际抗弯强度有检测要求时，可按本规程进行检测，检测结果可作为处理混凝土质量的一个依据。

2　仪具与材料技术要求

本方法需要下列仪具与材料：

(1)超声波检测仪：有良好的稳定性，仪器具有示波屏显示及手动游标测读功能。显示应清晰稳定，其声时范围应为0.5～9 999μs，测试精度为0.1μs；声时显示调节在20～30μs范围内时，2h内声时显示的漂移不得大于±0.2μs。超声波在空气中传播的计算声速与实测声速值相比，误差不大于±0.5％。

(2)换能器：为厚度振动形式压电材料，其频率在50～100kHz范围内，实测频率与标称频率相差不大于±10％。

(3)耦合剂：采用易于变形，有较大的声阻，有较好黏性且不流淌的材料，通常采用黄蜡油，也可使用凡士林、蜡泥型料等。

(4)回弹仪：回弹仪的构造和主要零件名称如图 T 0954，仪器应符合下列规定：

①水平弹击时，在弹击锤脱钩的瞬间，回弹仪的标称动能应为 2.207J。

②弹击锤与弹击杆碰撞的瞬间，弹击拉簧处于自由状态，此时弹击锤起点应位于刻度尺的零点处。

③在洛氏硬度为 HRC60±2 的钢砧上，回弹仪的率定值应为 80±2。

(5)手持砂轮。

(6)其他：油污清洗剂，毛刷，抹布等。

混凝土超声波检测仪的技术性能应符合《混凝土超声波检测仪》(JG/T 5004)的规定，不论是模拟式还是数字式的，均应通过正式的技术鉴定，并具有产品合格证和仪器检定证。超声波检测仪送计量单位检定后，有效期一般为一年。

因超声波在空气中的传播速度相对较慢，换能器与混凝土之间的耦合状况直接关系到测试结果的准确性，耦合剂应充满耦合面，换能器与混凝土越密贴越紧密越好。

回弹仪可参照《回弹仪测定水泥混凝土强度试验方法》T 0954的要求执行。

3 方法与步骤

3.1 回弹仪率定试验

在每次测定前，均应在钢砧上进行率定。率定时，钢砧应稳固地平放在刚度大的混凝土地坪上。回弹仪向下弹击时，弹击杆分4次旋转，每次旋转约90°，弹击3～5次，取其中最后连续3次且读数稳定的回弹值进行平均作为率定值。如率定结果不在规定的80±2范围内，应对回弹仪有关零件用清洗剂清洗保养后再进行标定；如仍不合格，则应送检定单位检验后使用。

3.2　测区和测点布置

(1)按附录A的方法选择测定的水泥混凝土板，将每一块水泥混凝土路面板作为一个试样，均匀布置10个测区，每个测区不宜小于150mm×550mm(图T 0955-1)，测试面应清洁、干燥、平整，不得有蜂窝、麻面，对浮浆和油垢以及粗糙处应清洗或用砂轮片磨平，并擦净残留粉尘。

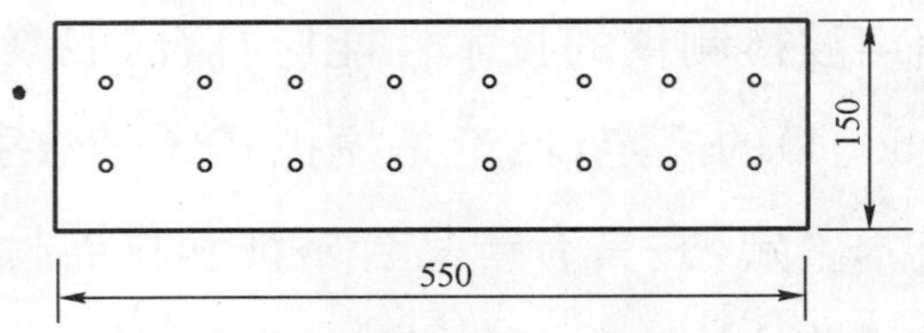

图T 0955-1　回弹值测点分布图(单位:mm)

(2)每个测区的测点宜在测区范围内均匀分布，但不得布置在气孔或外露石子上，相邻两测点的距离不宜小于30mm。

3.3　回弹值测定

按本规程T 0954的方法用回弹仪对每个测区的16个测点进行回弹值测定。

3.4　超声声时值测量

(1)在进行回弹值测试的同一测区内布置三条测轴线(图T 0955-2)。作为换能器布置区。

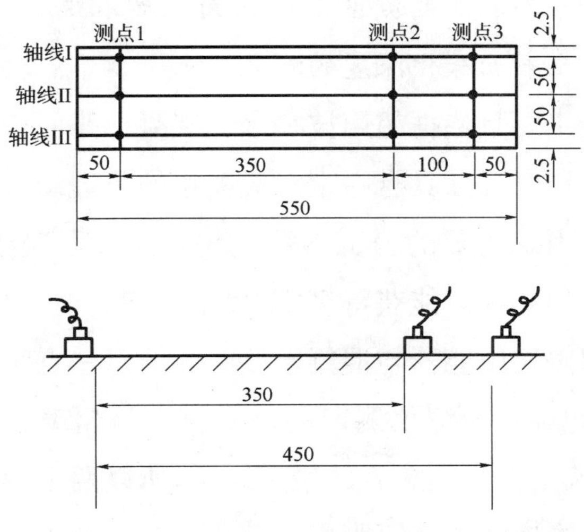

图 T 0955-2 换能器布置图（单位:mm）

(2)在换能器放置处抹上耦合剂。

注：测量超声声时时，耦合剂应与建立测强曲线时所用的耦合剂相同。

(3)将换能器分别放置在轴线Ⅰ的1点及2点处，换能器与路面混凝土应充分接触，耦合良好，发射和接收两换能器直径与测轴线重合，边缘与测距线相切。超声波仪振幅应调到规定振幅(2.5～3.0cm)。测读声时为 t_{11}，准确至0.1μs。

(4)放置在1点处的换能器不动，将放置在2点处的换能器移置3点处，再测读声时为 t_{12}，准确至0.1μs。

(5)按上述方法测量测轴线Ⅱ、Ⅲ，分别得声时为 t_{21}、t_{22}、t_{31}、t_{32}。

3.5 碳化深度测定

对龄期超过3个月水泥混凝土路面，在测区内或与测区内混凝土各种条件相同的测区附近路面上按本规程 T 0954 的方法进行混凝土表面碳化深度的测定。

本试验主要是依据超声波在水泥混凝土路面中的传播速度和混凝土的抗弯强度具有一定对应关系的原理结合回弹计算进行推算的。因此主要的测试参数是超声波在混凝土中的声速，测区和测点的选择以能获得真实、稳定的声时值为目的。

因为超声波换能器与混凝土接触面的每一点都是超声波的发射源，且超声波检测仪测定的声时值又是超声波传递的最快时间，即首波由发出到接收的最短时间，所以两个换能器之间的测距取内边缘连线的最短距离。

大量实践证明，平测时测距宜采用 350～450mm，首波起始点较易辨认，便于进行声时测量。

4　计算

4.1　按式(T 0955-1)～式(T 0955-4)计算测区的超声波声速，准确至 0.01km/s。

$$v_{i1}=\frac{350}{t_{i1}} \tag{T 0955-1}$$

$$v_{i2}=\frac{450}{t_{i2}} \tag{T 0955-2}$$

$$v_{i}=\frac{1}{2}(v_{i1}+v_{i2}) \tag{T 0955-3}$$

$$v=\frac{v_1+v_2+v_3}{3} \tag{T 0955-4}$$

式中：v_{i1}——第 i 条测轴线 1 点与 2 点 350mm 测距声速(km/s)，i=1～3；

v_{i2}——第 i 条测轴线 1 点与 3 点 450mm 测距声速(km/s),$i=1\sim3$;

v_i——第 i 条测轴线平均声速(km/s),$i=1\sim3$;

v——测区平均声速(km/s);

t_{i1}——第 i 条测轴线 350mm 测距声时(μs);

t_{i2}——第 i 条测轴线 450mm 测距声时(μs)。

注:当三条测轴线平均声速 v_i 中有两条测轴线平均声速与测区的平均声速 v 之差都超过测区平均声速的 15%时,该测区检测结果无效。

4.2 碳化深度按本规程 T 0954 的方法计算。

4.3 回弹值按本规程 T 0954 的方法计算,并按式(T 0955-5)对实测回弹值进行碳化深度修正计算。

$$N' = 0.8795N - 1.4443L + 4.48 \quad (\text{T 0955-5})$$

式中:N'——修正后的测区回弹值,当 $L=0$ 时,$N'=N$;

N——实测的测区平均回弹值;

L——碳化深度(mm)。

4.4 混凝土抗弯强度推算

(1)测强曲线方程的确定

建立专用测强曲线方程。取用与路面混凝土相同的原材料,设计几种不同水灰比的混凝土配合比(一般设计 4 种配合比,其中包括路面施工时的配合比),对每种配合比成型 150mm×150mm×550mm 的梁式试件(不少于 6 个),在标准条件下养护 28d 后,按上述方法进行超声及回弹检测,并按水泥混凝土试验规程进行抗弯强度试验,再用二元非线性方程按式

(T 0955-6)回归,确定回归系数,得出测强曲线方程,相对标准误差 e_r 应不大于 12%。

$$R_f = av^b e_r^c N \quad (T\ 0955\text{-}6)$$

式中:R_f——混凝土抗弯强度(MPa);

v——超声声速(km/s);

N——修正后的回弹值;

a、b、c——回归系数;

e_r——相对标准误差(%),按式(T 0955-7)计算:

$$e_r = \sqrt{\frac{\Sigma(R'_{fi}/R_{fi} - 1)^2}{n-1}} \times 100 \quad (T\ 0955\text{-}7)$$

R'_{fi}——第 i 块试件实测抗弯强度(MPa);

R_{fi}——第 i 块试件由超声、回弹推算的抗弯强度(MPa);

n——试件数(按单块计)。

(2)混凝土路面抗弯强度推定

①每一段(或子段)中每一幅为一个单位作为抗弯强度评定对象。

②评定抗弯强度第一条件和第二条件值按式(T 0955-8)、式(T 0955-9)计算:

$$R_{n1} = 1.18(\bar{R}_n - m \cdot S_n) \quad (T\ 0955\text{-}8)$$

$$R_{n2} = 1.18(R_{fi})_{min} \quad (T\ 0955\text{-}9)$$

式中:R_{n1}——抗弯强度第一条件值(MPa),准确至 0.1MPa;

R_{n2}——抗弯强度第二条件值(MPa),准确至 0.1MPa;

S_n——抗弯强度标准差(MPa),按式(T 0955—10)计算,

准确至 0.1MPa；

$$S=\sqrt{\frac{\sum(R_{fi})^2-n(\overline{R}_n)^2}{n-1}} \quad (T\ 0955\text{-}10)$$

$\overline{R}_n$——抗弯强度平均值(MPa)，按式(T 0955-11)计算，准确至0.1MPa；

$$\overline{R}_n=\frac{1}{2}\sum R_{fi} \quad (T\ 0955\text{-}11)$$

R_{fi}——第 i 测区推算的抗弯强度(MPa)；

$(R_{fi})_{min}$——所有推算的抗弯强度中的最小值(MPa)；

n——测区数；

m——合格判定系数值，当 $n=10\sim14$ 时，$m=1.70$；$n=15\sim24$时，$m=1.65$；$n\geqslant25$ 时，$m=1.60$。

(3)按式(T 0955-12)以第一条件值及第二条件值中的小者作为混凝土抗弯强度评定值 R_N。

$$R_N=\min\{R_{n1}, R_{n2}\} \quad (T\ 0955\text{-}12)$$

当三条测轴线平均声速(v_i)中有两条测轴线平均声速与测区的平均声速(v)之差都超过测区平均声速的 15%时，说明该测区的混凝土质量均匀性差，不能代表混凝土整体质量，该测区检测结果无效。

推定单个构筑物或一批构筑物的混凝土特征抗弯强度，应取单个推定 R_{n1} 及 R_{n2} 中的较小值。相同生产工艺条件下，且龄期相近的构筑物的总体特征抗弯强度，应取抽样推定时 R_{n1} 及 R_{n2} 中的较小值。

5 报告

5.1 水泥混凝土路面抗弯强度检测结果可采用表T 0955-1的格式。

表T 0955-1 水泥混凝土路面抗弯强度检测记录表

施工单位:______ 施工日期:______ 工程名称:______

检测单位:______ 检测日期:______ 第__页 共__页

项目桩号	回弹值 N_i	实测回弹值	碳化深度(mm)	平均碳化深度(mm)	修正后回弹值 N	测距声时	v_{i1} (km/s)	v_{i2} (km/s)	v_i (km/s)	v (km/s)	折算抗弯强度 R_f(MPa)

检测者: 记录者: 计算者: 复核者:

5.2 水泥混凝土路面抗弯强度评定结果报告可采用表T 0955-2的格式。

表T 0955-2 水泥混凝土路面抗弯强度评定结果报告表

施工单位:______ 施工日期:______ 工程名称:______

检测单位:______ 检测日期:______ 第__页 共__页

序号	起讫桩号	设计抗弯强度(MPa)	测区数量	平均抗弯强度(MPa)	标准差	合格判定系数	第一抗弯强度条件值(MPa)	第二抗弯强度条件值(MPa)	抗弯强度评定值(MPa)

检测者: 记录者: 计算者: 复核者:

T 0956—1995 射钉法快速测定水泥混凝土强度试验方法

1 目的与适用范围

1.1 本方法采用发射枪使射钉射入混凝土，以射钉外露长度代表贯入阻力，通过相关关系快速评定水泥混凝土的硬化强度。可用于快速评定新浇混凝土的硬化强度，以检测现场混凝土的匀质性，了解质量低劣的部位或范围。它不适用于施工质量的评定验收与仲裁。

1.2 本方法适用于抗压强度不大于50MPa，且厚度不小于15cm的水泥混凝土。

射钉法又称贯入阻力试验法或温泽探针试验（Windsor Probe Test），20世纪60年代中期开始在美国应用，1979年列为美国材料试验学会标准ASTM C803-79（现为ASTM C803-03）。这种方法的优点是仪器比较简单、测试容易，并且有试验证明，穿透深度的影响区域是在表层以下大约25～75mm之间的区域，试验结果受混凝土表面碳化、表面干湿状态以及纹理结构的影响较小，对混凝土质量的代表性优于一些表面法的试验。这种方法在美国和加拿大应用较多，在北美以外的国家应用还很有限。

此法用于快速评定现场新浇混凝土的硬化强度时，可用于确定能否拆除模板、支撑，路面能否开放交通等。用于评定现场混凝土的匀质性时，可通过试验检查由于振捣、养护等施工条件和其他因素变化引起的不均匀性，了解质量低劣的部位或范围。

射钉法试验的原理是通过精确控制的动力将一支特制的钢钉射入混凝土中，根据贯入阻力来推定混凝土的强度。由于被测试的混凝土在射钉的冲击作用下产生综合压缩、拉伸、剪切和摩擦等复杂应力状态，要在理论上建立贯入阻力与混凝土强度的相关关系是很困难的。但是，根据射入混凝土中钢钉外露部分长度确定贯入阻力，然后通过试验建立射钉外露长度与混凝土强度间的经验关系式是容易做到的。

被测定的水泥混凝土的抗压强度不宜高于50MPa，以保证射钉嵌入牢固并且不发生弯曲。同时，为了消除边界效应的影响，所测试混凝土的厚度应在150mm以上，射击点距边缘的距离不小于100mm，以免出现局部破裂的危险。其次，与测点位置相近的钢筋对贯入阻力的影响也是一个未知的因素，一般建议射击点与附近钢筋的距离大于50mm。

2　仪具与材料技术要求

本方法需要下列仪具与材料：

(1)发射枪：经国家有关部门批准许可的专门用于向混凝土发射射钉，并保证射钉能嵌入混凝土中的发射设备。发射能量应能使射钉嵌入混凝土中的深度和外露长度均不小于10mm，不大于70mm。

(2)子弹：经国家有关部门批准许可的发射枪专用的配套子弹。

(3)射钉：用淬火的合金钢制成，尖端锋利，顶端平整，应便于测定外露长度和拔出回收。射钉长度均匀一致，长度误差在±0.5%范围内。

(4)游标卡尺：准确至0.05mm。

(5)定位装置：为对准射击点而放在混凝土表面的一种装置。

发射枪及子弹、射钉是射钉试验的关键仪具，它的生产都必须经国家专门机构批准，其技术指标对公路部门的用户来说，是无法检验的，因此本规程不作具体规定。由于规程要求必须建立相关关系，射钉测值仅是相对指标，因而对发射枪及子弹、射钉未作规定，本规程规定了射入及外露长度、相关系数、试验的容许差等，使用者可据此对仪具是否合适作出判断。

为了保证试验条件的一致性，在一定时期内应使用同一生产厂家生产的同一型号的子弹和射钉，并尽可能一次采购足够的数量。必要时，还可以采用称取子弹重量、测量射钉长度和直径的方法进行一致性筛选。

3　方法与步骤

3.1　准备工作

(1)操作前应首先检查发射枪是否装有保险装置，如未安装保护罩时，不得发射。

(2)根据不同混凝土强度，选用不同型号的射钉与子弹，当射钉全部射入混凝土内时，可选用能量较低的子弹。测试时的子弹型号必须与标定时的型号相同。

(3)发射枪安装射钉和子弹后，应将管口朝下，防止发生意外。射钉和子弹应妥善保管，不得靠近火源或受潮。使用射钉枪的试验人员必须是经专用训练并经许可的人员。

(4)混凝土表面如不平整，射钉枪保护罩不能贴紧表面时，应先将表面处理平整之后进行试验。

(5)布置射钉之间的距离不小于140mm，射钉与混凝土表面的边缘相距不得小于100mm。在试验点放置定位装置。

3.2　标定方法

(1)必须对每一支枪及每一批子弹针对工程实际情况进行标定试验，建立射钉外露长度与混凝土强度的相关关系，相关系数必须经数理统计检验为高度显著，且不得小于0.90。变异系数不宜超过15%。

(2)对于同一工程，标定用的混凝土强度宜采用钻芯强度，也可采用标准尺寸的试件，与现场相同条件养护，湿养护和干养护应分别建立相关关系，采用湿养护时在试验前24h将试件搬到大气中养护。强度范围应包括抗压强度5～50MPa(或抗折强度1.5～7.0MPa)，试验组数以10～30为宜。

(3)按第3.3条的步骤分别测定射钉外露长度，并按有关规范规定测定钻芯或试件强度，按式(T 0956)建立现场推定混凝土强度的回归方程式：

$$R = a + bL - S \qquad (T\ 0956)$$

式中：R——推定的现场混凝土抗压或抗弯强度(MPa)；

a、b——回归系数；

L——射钉外露长度(mm)；

S——推定式的剩余标准差(MPa)。

3.3 测试步骤

(1)试验应由专人用同一支发射枪及同一批射钉与子弹进行。

(2)从发射枪口装入射钉,用送钉器将射钉推至发射管最深位置。

(3)拉出送弹器,装上子弹,推回原位。用定位装置或在画定位置对准混凝土表面射击点,垂直混凝土表面进行射击,把射钉射入混凝土中。

(4)在外露的射钉上套入一块中间有孔的标准厚度的金属片,套进射钉稳定地放于混凝土表面,以金属片为基准,用游标卡尺测量射钉外露长度,计算时将金属片厚度计入,并作记录。测量外露长度之前应检查射钉嵌入是否牢固,嵌入不牢固的射钉不能作为试验结果,外露长度不宜小于10mm,也不宜大于70mm,否则该试验值应予废弃。

(5)每次测定发射3枚射钉,射钉的间距宜为20cm,取3枚射钉外露长度的平均值作为本次试验结果。

为了防止崩裂的混凝土碎块伤及试验操作人员,试验时操作人员应戴上安全防护镜和其他适当的防护器具。

试验表明,粗集料的种类对贯入阻力的影响较大,抗压强度相同时,软集料混凝土的贯入深度大于硬集料混凝土的贯入深度。因此,对不同品种粗集料的混凝土应采用不同的标定关系式。

4　强度的推定

由测定的射钉外露长度 L 按式(T 0956)计算硬化混凝土的推定强度。

5　报告

报告应包括以下内容：

(1)所用发射枪和子弹的型号与规格。

(2)射钉型号、规格与尺寸。

(3)测定的混凝土结构和测试部位的说明(必要时绘图说明)。

(4)混凝土材料、配合比、龄期、养护条件等情况。

(5)试验部位混凝土的厚度。

(6)每个射钉的外露长度，每次试验的平均值、极差、标准差和变异系数，包括舍弃射钉的结果。

(7)必要时将试验结果列出射钉外露长度与强度的相关关系、剩余标准差和回归变异系数。

6　精确度与容许差

专人操作者用同一支发射枪对同一种混凝土进行测定时，每组 3 个测值的最大值与最小值的差(极差)应不超过表 T 0956规定。若 3 个测值的极差超出此规定时，应发射第 4 个射钉，去掉与 4 个测值平均值相差最大的数据。若其余 3 个测值仍不能满足规定的要求，可再发射第 5 个射钉按上述方法进行处理。如果仍不能满足要求时，应把发射枪移到不同部位重新测试。

表 T 0956 射钉测值的容许差

材料	3 个测值的容许差(mm)
水泥砂浆	6
集料最大粒径<16mm 的混凝土	8
集料最大粒径<31.5mm 的混凝土	11

10 抗滑性能

T 0961—1995　手工铺砂法测定路面构造深度试验方法

1　目的与适用范围

本方法适用于测定沥青路面及水泥混凝土路面表面构造深度，用以评定路面表面的宏观构造。

本方法对于具有较大不规则孔隙或坑槽的沥青路面和具有防滑沟槽结构的水泥路面不适用，因为量砂在这些孔隙或沟槽内产生体积积聚的状况，与理论计算公式的要求不符，因而测量结果也将产生很大误差。

2　仪具与材料技术要求

本方法需要下列仪具与材料：

(1)人工铺砂仪：由圆筒、推平板组成。

①量砂筒：形状尺寸如图 T 0961-1，一端是封闭的，容积为 25mL ±0.15mL，可通过称量砂筒中水的质量以确定其容积 V，并调整其高度，使其容积符合规定。带一专门的刮尺，可将筒口量砂刮平。

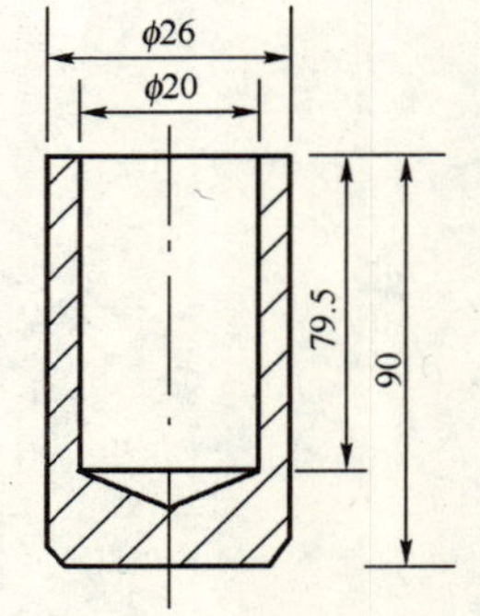

图 T 0961-1　量砂筒(单位：mm)

②推平板：形状尺寸如图 T 0961-2。推平板应为木制或铝制，直径 50mm，底面粘一层厚 1.5mm 的橡胶片，上面有一圆柱把手。

③刮平尺：可用 30cm 钢板尺代替。

(2)量砂：足够数量的干燥洁净的匀质砂，粒径 0.15～0.3mm。

(3)量尺：钢板尺、钢卷尺，或采用已按式(T 0961)将直径换算成构造深度作为刻度单位的专用的构造深度尺。

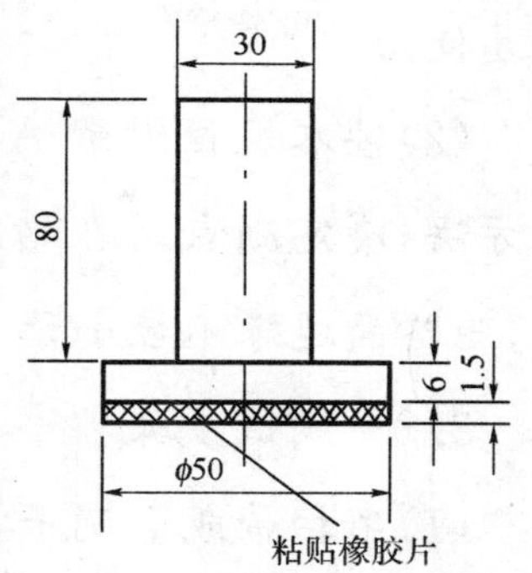

图 T 0961-2　推平板（单位：mm）

(4)其他：装砂容器(小铲)、扫帚或毛刷、挡风板等。

对于使用量砂的粒径和体积，日本铺装试验法便览 7-7 规定，对粗糙的路面用 0.15～0.3mm 的砂 50cm^3，对于致密的路面用 0.075～0.15mm 的砂 10cm^3。该规定从理论上讲比较合理，不致使铺开的砂面积过小或过大，但操作起来不好掌握。为便于操作，本试验法仍维持原规程规定使用的 0.15～0.3mm 粒径和 25cm^3 的体积。量砂筒的尺寸与容积必须严格测量确定或经过检定，否则会严重影响测试结果。

使用专用构造深度尺时应注意刻度数的读取方向与一般长度尺的读取方向相反。

3　方法与步骤

3.1　准备工作

(1)量砂准备：取洁净的细砂，晾干过筛，取 0.15～0.3mm

的砂置适当的容器中备用。量砂只能在路面上使用一次，不宜重复使用。

(2)按本规程附录A的方法，对测试路段按随机取样选点的方法，决定测点所在横断面位置。测点应选在车道的轮迹带上，距路面边缘不应小于1m。

3.2　测试步骤

(1)用扫帚或毛刷子将测点附近的路面清扫干净，面积不小于30cm×30cm。

(2)用小铲装砂，沿筒壁向圆筒中注满砂，手提圆筒上方，在硬质路表面上轻轻地叩打3次，使砂密实，补足砂面用钢尺一次刮平。

注：不可直接用量砂筒装砂，以免影响量砂密度的均匀性。

(3)将砂倒在路面上，用底面粘有橡胶片的推平板，由里向外重复做摊铺运动，稍稍用力将砂细心地尽可能地向外摊开，使砂填入凹凸不平的路表面的空隙中，尽可能将砂摊成圆形，并不得在表面上留有浮动余砂。注意，摊铺时不可用力过大或向外推挤。

(4)用钢板尺测量所构成圆的两个垂直方向的直径，取其平均值，准确至5mm。

(5)按以上方法，同一处平行测定不少于3次，3个测点均位于轮迹带上，测点间距3～5m。对同一处，应该由同一个试验员进行测定。该处的测定位置以中间测点的位置表示。

筛取0.15～0.3mm的量砂时，0.15mm的筛需经过足够时间和幅度的振筛，保证小于0.15mm的砂被筛掉。

铺砂试验处的路面必须保持干燥状态，不得有水分存在。清扫时还应去除附着在路面表面的污染物。

注满砂的量筒每次在地面叩打的力量要适度，不能过重或过轻。也可一手悬空提住量筒上部，另一手持钢尺敲击量筒下部3次。

另外，当摊铺砂的形状不圆程度造成垂直量取的两个直径差值过大时，应重新操作，否则测试结果将与实际情况产生较大误差。

4 计算

4.1 路面表面构造深度测定结果按式(T 0961)计算：

$$\mathrm{TD}=\frac{1\,000V}{\pi D^2/4}=\frac{31\,831}{D^2} \qquad (\mathrm{T}\ 0961)$$

式中：TD——路面表面构造深度(mm)；

V——砂的体积($25\mathrm{cm}^3$)；

D——摊平砂的平均直径(mm)。

4.2 每一处均取3次路面构造深度的测定结果的平均值作为试验结果，准确至0.01mm。

4.3 按本规程附录B的方法计算每一个评定区间路面构造深度的平均值、标准差、变异系数。

5 报告

5.1 列表逐点报告路面构造深度的测定值及3次测定的平均值。当平均值小于0.2mm时，试验结果以<0.2mm

表示。

5.2 每一个评定区间路面构造深度的平均值、标准差、变异系数。

T 0962—1995 电动铺砂仪测定路面构造深度试验方法

1 目的与适用范围

本方法适用于测定沥青路面及水泥混凝土路面表面构造深度,用以评定路面表面的宏观构造。

本方法在日本及其他一些国家使用,我国也有一些单位在使用。电动铺砂法与手工铺砂法虽然基本原理相同,但在测定方法上不完全一样。手工法是将全部砂都作为填入凹凸不平的空隙中进行计算的,而电动法是与玻璃板上摊铺的砂进行比较后求得的,因此两法测定结果存在一定差异。

2 仪具与材料技术要求

本方法需要下列仪具与材料:

(1)电动铺砂仪:利用可充电的直流电源将量砂通过砂漏铺设成宽度5cm,厚度均匀一致的器具,如图T 0962-1所示。

(2)量砂:足够数量的干燥洁净的匀质砂,粒径为0.15~0.3mm。

(3)标准量筒:容积50mL。

(4)玻璃板:面积大于铺砂器,厚5mm。

(5)其他:直尺、扫帚、毛刷等。

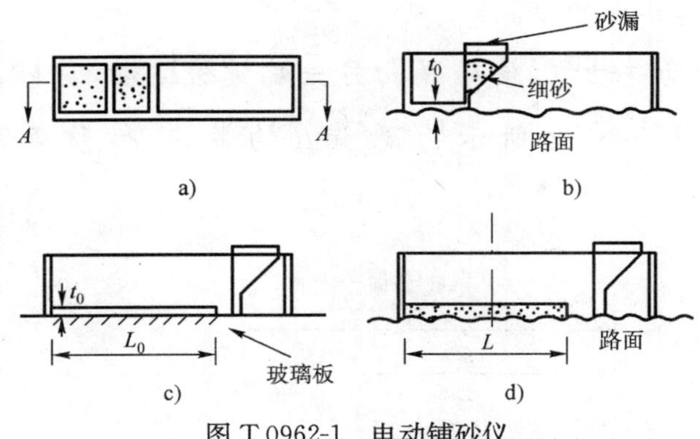

图 T 0962-1　电动铺砂仪

a)平面图;b)A-A 断面;c)标定;d)测定

3　方法与步骤

3.1　准备工作

(1)量砂准备:取洁净的细砂,晾干过筛,取 0.15～0.3mm 的砂置适当的容器中备用。量砂只能在路面上使用一次,不宜重复使用。

(2)按本规程附录 A 的方法,对测试路段按随机取样选点的方法,决定测点所在横断面位置。测点应选在车道的轮迹带上,距路面边缘应不小于 1m。

3.2　电动铺砂器标定

(1)将铺砂器平放在玻璃板上,将砂漏移至铺砂器端部。

(2)使灌砂漏斗口和量筒口大致齐平。通过漏斗向量筒中缓缓注入准备好的量砂至高出量筒成尖顶状,用直尺沿筒口一次刮平,其容积为 50mL。

(3)使漏斗口与铺砂器砂漏上口大致齐平。将砂通过漏斗均匀倒入砂漏,漏斗前后移动,使砂的表面大致齐平,但不得用任何其他工具刮动砂。

(4)开动电动机,使砂漏向另一端缓缓运动,量砂沿砂漏底部铺成图 T 0962-2 所示的宽 5cm 的带状,待砂全部漏完后停止。

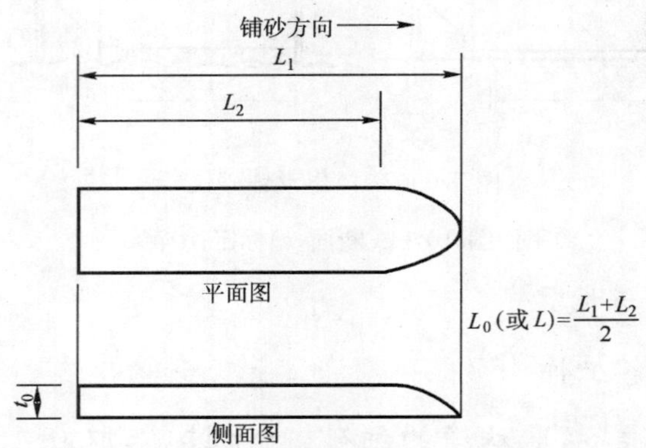

图 T 0962-2　决定 L_0 及 L 的方法

L_0-玻璃板上 50mL 量砂摊铺的长度(mm);

L-路面上 50mL 量砂摊铺的长度(mm)

(5)按图 T 0962-2,依式(T 0962-1)由 L_1 及 L_2 的平均值决定量砂的摊铺长度 L_0,准确至 1mm。

$$L_0=(L_1+L_2)/2 \qquad \text{(T 0962-1)}$$

(6)重复标定 3 次,取平均值决定 L_0,准确至 1mm。

注:标定应在每次测试前进行,用同一种量砂,由承担测试的同一试验员进行。

电动铺砂法的标定十分重要,测试时的做法应与标定时一样,因此必须使用同一种砂,由同一试验员进行。为了测定数据的准确性,本次修订同样规定不使用回收砂。

3.3 测试步骤

(1)将测试地点用毛刷刷净,面积大于铺砂仪。

(2)将铺砂仪沿道路纵向平稳地放在路面上,将砂漏移至端部。

(3)按第 3.2 条之(2)～(5)相同的步骤,在测试地点摊铺 50mL 量砂,按图 T 0962-2 的方法量取摊铺长度 L_1 及 L_2,由式(T 0962-2)计算 L,准确至 1mm。

$$L = (L_1 + L_2)/2 \qquad \text{(T 0962-2)}$$

(4)按以上方法,同一处平行测定不少于 3 次,3 个测点均位于轮迹带上,测点间距 3～5m。该处的测定位置以中间测点的位置表示。

4 计算

4.1 按式(T 0962-3)计算铺砂仪在玻璃板上摊铺的量砂厚度 t_0。

$$t_0 = \frac{V}{B \times L_0} \times 1\,000 = \frac{1\,000}{L_0} \qquad \text{(T 0962-3)}$$

式中:t_0——量砂在玻璃板上摊铺的标定厚度(mm);

V——量砂体积,50mL;

B——铺砂仪铺砂宽度,50mm。

4.2 按式(T 0962-4)计算路面构造深度 TD。

$$\mathrm{TD} = \frac{L_0 - L}{L} \times t_0 = \frac{L_0 - L}{L \times L_0} \times 1\,000 \qquad \text{(T 0962-4)}$$

式中:TD——路面的构造深度(mm)。

4.3 每一处均取 3 次路面构造深度的测定结果的平均值

作为试验结果，准确至0.1mm。

4.4　按本规程附录B的方法计算每一个评定区间路面构造深度的平均值、标准差、变异系数。

5　报告

5.1　列表逐点报告路面构造深度的测定值及3次测定的平均值。当平均值小于0.2mm时，试验结果以<0.2mm表示。

5.2　每一个评定区间路面构造深度的平均值、标准差、变异系数。

T 0966—2008　车载式激光构造深度仪测定路面构造深度试验方法

1　目的与适用范围

1.1　本方法适用于各类车载式激光构造深度仪在新建、改建路面工程质量验收和无严重破损病害及无积水、积雪、泥浆等正常行车条件下测定，连续采集路面构造深度，但不适用于带有沟槽构造的水泥混凝土路面构造深度的测定。

1.2　本方法的数据采集、传输、记录和处理分别由专用软件自动控制进行。

激光构造深度仪是利用激光测距的原理测量地面材料颗粒表面以及材料颗粒之间的深度变化的情况，输出的测试结果是沿测线断面一定间距长度内的平均深度数据，因此与铺砂法的一定面积内的平均深度数据有所差别。

原规程所列手推式激光构造深度仪的测试结果受人员操作

过程中仪器角度和行走速度的影响，且长期以来只有进口产品，实际使用的单位很少，因此本次规程修订取消了该仪器的试验方法。车载式激光构造深度仪是近年来逐渐普及使用的一种测试设备，其测试准确性和工作效率均很高，故将该设备的试验方法列入规程。

2 仪具与材料技术要求

2.1 测试系统构成

测试系统由承载车辆、距离传感器、激光传感器和主控制系统组成。主控制系统对测试装置的操作实施控制，完成数据采集、传输、存储与计算过程。

2.2 设备承载车要求

根据设备供应商的要求选择测试系统承载车辆。

2.3 测试系统基本技术要求和参数

(1)最大测试速度：≥50km/h。

(2)采样间隔：≤10mm。

(3)传感器测试精度：0.1mm。

(4)距离标定误差：<0.1%。

(5)系统工作环境温度：0～60℃。

车载式激光构造深度仪中激光传感器的技术性能对测试结果和工作效率有直接影响，因此操作人员应有所了解。激光传感器响应频率和现场测试速度对测试结果有内在的影响关系，对不同类型设备无法直接限定激光传感器的性能参数，因此为满足该设备在现场车载方式使用的要求，本规程通过测试速度和采样间隔来间接控制激光传感器的参数。

传感器的测试精度与激光光斑大小有关，国外一般要求路面构造深度在0.2mm以上时，光斑直径不得大于0.5mm；构造深度在0.2mm以下时，光斑直径不得大于0.2mm。由于构造深度在0.2mm以下时精确测量的结果对路面抗滑能力的意义已不大，因此我国一般要求光斑直径不大于0.5mm。

车载式激光构造深度仪一般可同时检测路面平整度，而且经常在通车的道路上作业，测试速度不宜太低，因此规定最大测试速度不得低于50km/h。为了满足正常行车速度下测试构造深度，对激光传感器的响应频率必须有要求。以前用户购买设备时仅要求激光传感器的采集频率，如16k或64k；如果系统包括构造深度的测试功能，实际还应要求确认响应频率的参数。为了保证一般正常行车速度的测试要求，至少应要求2k以上的响应频率。

3　方法与步骤

3.1　准备工作

(1)设备安装到承载车上以后应按第4条进行相关性标定试验。

(2)根据设备操作手册的要求对测试系统各传感器进行校准。

(3)距离测量装置需要现场安装的，根据设备操作手册说明进行安装，确保机械紧固装置安装牢固。

(4)测试系统各部分应符合测试要求，不应有明显的可视性破损。

(5)打开系统电源,启动控制程序,检查各部分的工作状态。

3.2 测试步骤

(1)按照设备使用说明规定的预热时间对测试系统预热。

(2)测试车停在测试起点前50～100m处,启动测试系统程序,按照设备操作手册的规定和测试路段的现场技术要求设置完毕所需的测试状态。

(3)驾驶员应按照设备操作手册要求的测试速度范围驾驶测试车,避免急加速和急减速,急弯路段应放慢车速,沿正常行车轨迹驶入测试路段。

(4)进入测试路段后,测试人员启动系统的采集和记录程序,在测试过程中必须及时准确地将测试路段的起终点和其他需要特殊标记的位置输入测试数据记录中。

(5)当测试车辆驶出测试路段后,测试人员停止数据采集和记录,并恢复仪器各部分至初始状态。

(6)检查:测试数据文件应完整,内容应正常,否则需要重新测试。

(7)关闭测试系统电源,结束测试。

由于激光构造深度仪测试路面表面构造深度是通过激光传感器发射和接收漫反射信号的原理进行工作的,因此当路面有水、冰、雪、油等存在时,会影响测试结果的准确性。另外,存在较大坑槽的沥青路面和加工有抗滑沟槽的水泥路面也不适合用该设备检测,系统的软件判别模式可能出现错误计算。

一般该类设备的激光传感器都安装在车轮的位置,而通车时间较长的车道上轮迹带位置和其他位置的构造深度值差异很大，因此检测车必须严格按正常行车轨迹行驶。

4 激光构造深度仪测值与铺砂法构造深度值相关关系对比试验

(1)选择构造深度分别在0～0.3mm、0.3～0.55mm、0.55～0.8mm、0.8～1.2mm范围的4个各长100m的试验路段。试验前将路面清扫干净，并在起终点做上标记。

(2)在每个试验路段上沿一侧行车轮迹用铺砂法测试至少10点的构造深度值，并计算平均值。

(3)驾驶测试车以30～50km/h速度驶过试验路段，并且保证激光构造深度仪的激光传感器探头沿铺砂法所测构造深度的行车轮迹运行，计算试验路段的构造深度平均值。

(4)建立两种方法的相关关系式，要求相关系数R不小于0.97。

5 报告

构造深度检测报告应包括以下内容：

(1)路段构造深度平均值、标准差。

(2)提供激光构造深度仪测值与铺砂法构造深度值在选定测试条件下的相关关系式及相关系数。

T 0964—2008 摆式仪测定路面摩擦系数试验方法

1 目的与适用范围

本方法适用于以摆式摩擦系数测定仪(摆式仪)测定沥青路

面、标线或其他材料试件的抗滑值,用以评定路面或路面材料试件在潮湿状态下的抗滑能力。

用于测定路面抗滑性能的手提摆式仪是由原英国道路和运输研究所(TRRL)发明的,BPN 是 British Pendulum Number 的缩写,即摆式仪的刻度值。此法是目前世界各国广泛采用的抗滑性能测试法,在我国亦已普遍使用,故列入本规程。本方法是参考国外通用的试验方法如 BS 598、ASTM E303、AASHTO、日本铺装试验法便览 7-5 编写的。

2 仪具与材料技术要求

本方法需要下列仪具与材料:

(1)摆式仪:形状及结构如图 T 0964-1 所示,摆及摆的连接部分总质量为 1 500g±30g,摆动中心至摆的重心距离为 410mm±

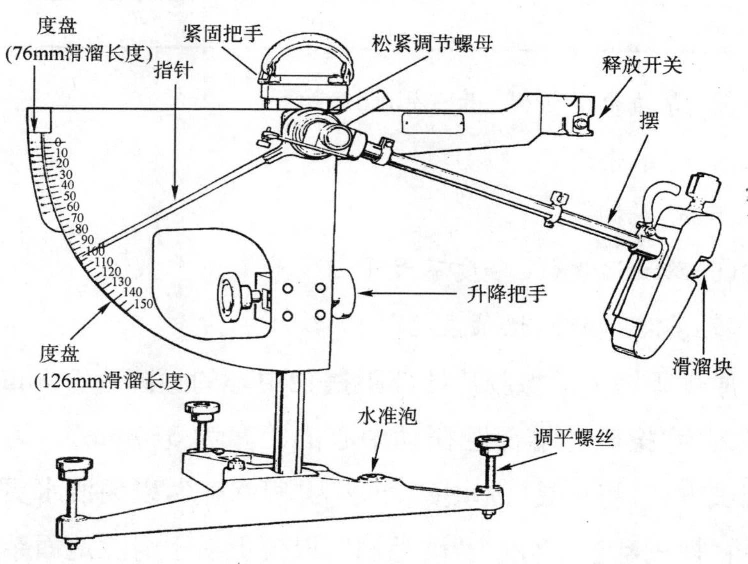

图 T 0964-1 摆式仪结构示意图

5mm,测定时摆在路面上滑动长度为126mm±1mm,摆上橡胶片端部距摆动中心的距离为510mm,橡胶片对路面的正向静压力为22.2N±0.5N。

(2)橡胶片:当用于测定路面抗滑值时其尺寸为6.35mm×25.4mm×76.2mm。橡胶质量应符合表T 0964-1的要求。当橡胶片使用后,端部在长度方向上磨耗超过1.6mm或边缘在宽度方向上磨耗超过3.2mm,或有油类污染时,即应更换新橡胶片。新橡胶片应先在干燥路面上测试10次后再用于测试。橡胶片的有效使用期从出厂日期起算为12个月。

表T 0964-1 橡胶物理性质技术要求

性质指标	温度(℃)				
	0	10	20	30	40
弹性(%)	43～49	58～65	66～73	71～77	74～79
硬度(IR)	55±5				

(3)滑动长度量尺:长126mm。

(4)喷水壶。

(5)硬毛刷。

(6)路面温度计:分度不大于1℃。

(7)其他:扫帚、记录表格等。

原规程摆上的橡胶片端部距摆轴中心的距离为508mm,本次修改为"橡胶片端部距摆动中心的距离为510mm"。为了便于测试方便,将仪具"洒水壶"要求为"喷水壶",以便洒水更加均匀;将"橡胶刮板"更改为"硬毛刷",以便更易于清除地面杂物和附着物。

摆式仪测定结果受摆的橡胶片硬度等因素的影响。各国标准均规定橡胶片应符合英国 BS 812 天然橡胶或美国 ASTM E501 规定的合成橡胶的要求，我国使用国产橡胶片，同样采用的是英国 BS 812 的标准。ASTM E501 规定了合成橡胶的配方，表 10-1 是美国 ASTM E501 对橡胶物理性质的主要技术要求，其中关于测试方法也有所规定。

表 10-1 橡胶物理性质技术要求

力学指标	要求	测试方法
橡胶片硫化(149℃)，不少于(min)	30	ASTM D3182
300%模量(MPa)	5.5±1.4	ASTM D412
硬度	58±2	ASTM D2240
恢复能	47±2	ASTM D1054
拉伸强度(MPa)	13.8	ASTM D412
伸长不少于(%)	500	ASTM D412

3 方法与步骤

3.1 准备工作

(1)检查摆式仪的调零灵敏情况，并定期进行仪器的标定。

(2)按本规程附录 A 的方法，进行测试路段的取样选点。在横断面上测点应选在行车道轮迹处，且距路面边缘应不小于 1m。

3.2 测试步骤

(1)清洁路面：用扫帚或其他工具将测点处的路面打扫干净。

(2)仪器调平。

①将仪器置于路面测点上，并使摆的摆动方向与行车方向一致。

②转动底座上的调平螺栓，使水准泡居中。

(3)调零。

①放松紧固把手，转动升降把手，使摆升高并能自由摆动，然后旋紧紧固把手。

②将摆固定在右侧悬臂上，使摆处于水平释放位置，并把指针拨至右端与摆杆平行处。

③按下释放开关，使摆向左带动指针摆动。当摆达到最高位置后下落时，用手将摆杆接住，此时指针应指零。

④若不指零，可稍旋紧或旋松摆的调节螺母。

⑤重复上述 4 个步骤，直至指针指零。调零允许误差为±1。

(4)校核滑动长度。

①让摆处于自然下垂状态，松开固定把手，转动升降把手，使摆下降。与此同时，提起举升柄使摆向左侧移动，然后放下举升柄使橡胶片下缘轻轻触地，紧靠橡胶片摆放滑动长度量尺，使量尺左端对准橡胶片下缘；再提起举升柄使摆向右侧移动，然后放下举升柄使橡胶片下缘轻轻触地，检查橡胶片下缘应与滑动长度量尺的右端齐平。

②若齐平，则说明橡胶片两次触地的距离(滑动长度)符合126mm 的规定。校核滑动长度时，应以橡胶片长边刚刚接触路面为准，不可借摆的力量向前滑动，以免标定的滑动长度与实际

不符。

③若不齐平，升高或降低摆或仪器底座的高度。微调时用旋转仪器底座上的调平螺丝调整仪器底座的高度的方法比较方便，但需注意保持水准泡居中。

④重复上述动作，直至滑动长度符合126mm的规定。

(5)将摆固定在右侧悬臂上，使摆处于水平释放位置，并把指针拨至右端与摆杆平行处。

(6)用喷水壶浇洒测点，使路面处于湿润状态。

(7)按下右侧悬臂上的释放开关，使摆在路面滑过。当摆杆回落时，用手接住，读数但不做记录。然后使摆杆和指针重新置于水平释放位置。

(8)重复(6)和(7)的操作5次，并读记每次测定的摆值。

单点测定的5个值中最大值与最小值的差值不得大于3。如差值大于3时，应检查产生的原因，并再次重复上述各项操作，至符合规定为止。

取5次测定的平均值作为单点的路面抗滑值(即摆值BPN_t)，取整数。

(9)在测点位置用温度计测记潮湿路表温度，准确至1℃。

(10)每个测点由3个单点组成，即需按以上方法在同一测点处平行测定3次，以3次测定结果的平均值作为该测点的代表值(精确到1)。

3个单点均应位于轮迹带上，单点间距离为3～5m。该测点的位置以中间单点的位置表示。

高等级路面采用的抗滑表层构造深度通常要求较大，另外，水泥路面为增强抗滑性能还在施工中铺制出专门的防滑沟槽。而摆式仪在上述类型路面进行测试时，在小尺寸范围内存在橡胶滑块振动过大的问题，导致测试结果反映的不仅是滑动能量损失，还包括振动产生的能量损失。根据摆式仪的工作原理，过大的表面构造将影响测试结果，而且会使每点 5 次测试值的差值超过标准的要求。因此，我们认为摆式仪不适用于上述类型的路面，在实际使用中操作人员应根据现场情况注意此问题。

4　抗滑值的温度修正

当路面温度为 t(℃)时，测得的摆值为 BPN_t 必须按式(T 0964-1)换算成标准温度 20℃的摆值 BPN_{20}。

$$BPN_{20} = BPN_t + \triangle BPN \qquad (T\ 0964\text{-}1)$$

式中：BPN_{20}——换算成标准温度 20℃时的摆值；

BPN_t——路面温度 t 时测得的摆值；

$\triangle BPN$——温度修正值按表 T 0964-2 采用。

表 T 0964-2　温度修正值

温度(℃)	0	5	10	15	20	25	30	35	40
温度修正值△BPN	−6	−4	−3	−1	0	+2	+3	+5	+7

摆值受路面温度影响很大，各国均以 20℃为标准温度，当路面为其他温度时应进行修正。英国 TRRL 最早提出了温度修正曲线，在常用的 10～40℃范围内，修正值不超过 3。但是后来各国众多的学者均对此进行了研究，认为 TRRL 的修正值偏小，一些学者提出的修正曲线如图 10-1 所示。图中 Δ 是日本在

路面现场实测的修正值，当温度为 10℃及 40℃时，修正值达 8，日本道路公团提出的修正公式如式（T 0964-3）所示，当路面温度为 t（℃）时测得的摆值为 BPN_t，则换算成标准温度 20℃的摆值 BPN_{20}。

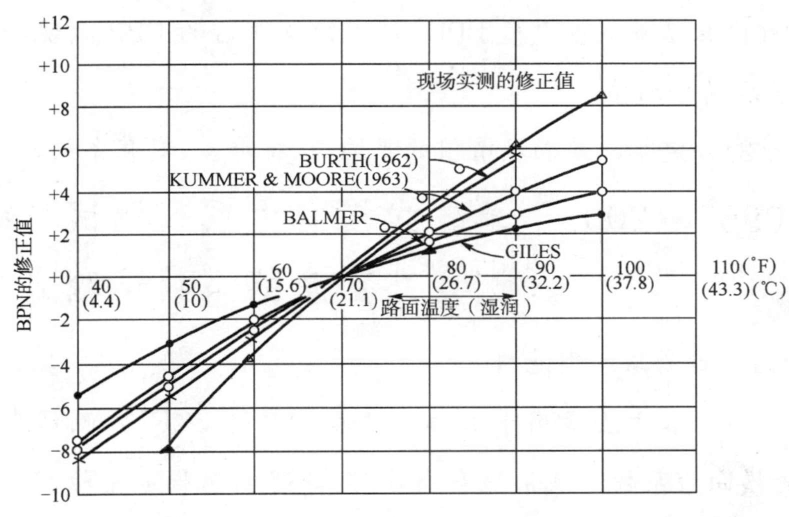

图 10-1　温度修正曲线

关于摆式仪测定的精度，据资料介绍，用标准差表示时，英国天然橡胶摆是 1.0，美国合成橡胶摆是 1.2，为满足 95%的精密度要求，最小测定次数对英国摆是 4 次，美国摆是 5 次，我国规定每一测点重复测试 5 次，同一测试路段要取 5 个测点的平均值。

$$BPN_{20} = -0.0071t^2 + 0.9301t - 15.79 + BPN_t \tag{T 0964-3}$$

式中：BPN_{20}——换算成标准温度 20℃时的摆值；

BPN_t——路面温度 t 时测得的摆值；

t——测定的路表潮湿状态下的温度（℃）。

本规程采用的换算公式及换算系数表是我国自行对试块保温不同温度进行测试得出的结果，在中间温度时，可用内插法计算。

5　报告

报告应包含如下内容：

(1)路面单点测定值 BPN_t 经温度修正后的 BPN_{20}、现场温度、3 次的平均值。

(2)评定路段路面抗滑值的平均值、标准差、变异系数。

T 0965—2008　单轮式横向力系数测试系统测定路面摩擦系数试验方法

1　目的与适用范围

1.1　本方法适用于工作原理和结构与 SCRIM 测试车相同的横向力系数测试系统在新建、改建路面工程质量验收和无严重坑槽、车辙等病害的正常行车条件下连续采集路面的横向力系数。

1.2　本方法的数据采集、传输、记录和处理分别由专用软件自动控制进行。

原 JTJ 059—95 版规程中 T 0965—95 试验方法所规定的 SCRIM 系统是英国 TRRL 研究所研制并由英国 WDM 公司生产的一种大型路面摩擦系数自动测试系统，其英文全称是 Sideway Force Coefficient Routine Investigation Machine。我国所使用的该类设备绝大部分为国内厂家生产，设备的主要技术标准和技术参数与英国 BS 7941-1:1999 标准和英国原型机一致，而且在我国路面设计规范中的路面抗滑技术标准也是使用英国标准设备和轮胎采集的数据而制定的。但是,据了解SCRIM的称谓已经被英国厂家作为商品品牌注册,因此不宜在我国行业规范中继续使用。另外,目前市场上还有其他类型的横向力系数或摩擦系数的测试系统在使用,造成原规程的设备名称定义不明确。为了规范试验方法中设备名称的使用,根据设备结构和工作原理的不同,本次规程修订重新定义了该类型设备试验方法的名称。

2 仪具与材料技术要求

2.1 测试系统构成

测试系统由承载车辆、距离测试装置、横向力测试装置、供水装置和主控制系统组成,如图T 0965。主控制系统除实施对测试装置和供水装置的操作控制外,同时还控制数据的传输、记录与计算等环节。

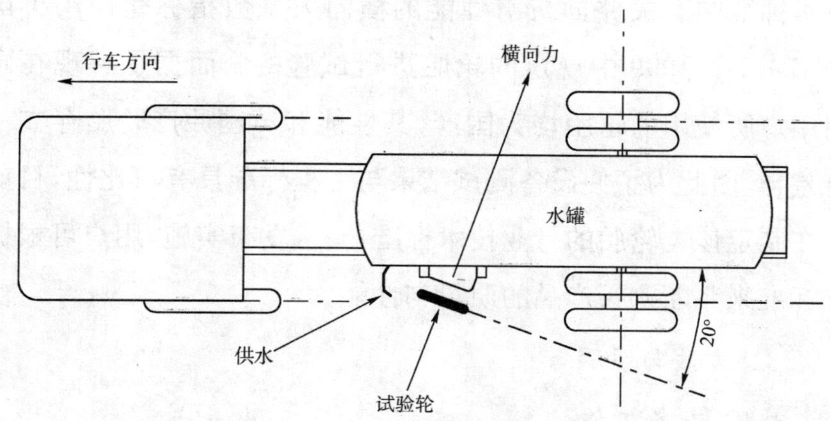

图T 0965 单轮式横向力系数测试系统构造示意图

2.2 设备承载车基本技术要求和参数

横向力系数测试系统的承载车辆应为能够固定和安装测试、储供水、控制和记录等系统的载货车底盘，具有在水罐满载状态下最高车速大于100km/h的性能。

2.3 测试系统技术要求和参数

(1)测试轮胎类型：光面天然橡胶充气轮胎。

(2)测试轮胎规格：3.00/20。

(3)测试轮胎标准气压：350kPa±20kPa。

(4)测试轮偏置角：19.5°～21°。

(5)测试轮静态垂直标准荷载：2 000N±20N。

(6)拉力传感器非线性误差：<0.05%。

(7)拉力传感器有效量程：0～2 000N。

(8)距离标定误差：<2%。

测试轮胎的质量和性能对测试结果有很大影响，我国工程技术标准中有关路面抗滑性能的横向力系数指标是使用英国BS 7941-1:1999中规定的轮胎进行试验的。而据了解现在国内用户所使用的轮胎均为国产，其性能和英国原产轮胎存在一定差异，因此为了使设备测试结果与工程标准具有可比性，目前正在制定该类轮胎的行业技术标准，一旦发布实施，用户可根据该标准来判断购买产品的质量与性能。

3 方法与步骤

3.1 准备工作

(1)每个测试项目开始前或连续测试超过1 000km后必须

按照设备使用手册规定的方法进行测试系统的标定,记录标定数据并存档。

(2)检查测试车轮胎气压,应达到车辆轮胎规定的标准气压。

(3)检查测试轮胎磨损情况,当其直径比新轮胎减小达6mm(也即胎面磨损3mm)以上或有明显磨损裂口时,必须立即更换新轮胎。更换的新轮胎在正式测试前应试测2km。

(4)检测测试轮气压,应达到0.35MPa±0.02MPa的要求。

(5)检查测试轮固定螺栓应拧紧。将测试轮放到正常测试时的位置,检查其应能够沿两侧滑柱上下自由升降。

(6)根据测试里程的需要向水罐加注清洁测试用水。

(7)检查洒水口出水情况和洒水位置应正常;洒水位置应在测试轮触地面中点沿行驶方向前方400mm±50mm处,洒水宽度应为中心线两侧各不小于75mm。

(8)将控制面板电源打开,检查各项控制功能键、指示灯和技术参数选择状态应正常。

测试轮的气压和磨损对测试结果均有影响,应严格检查。直接准确测量轮胎直径变化比较困难,国外产品一般在轮胎表面设置有3mm深的测厚孔,用以判断表面磨损情况。

设备喷水的水量和位置也将直接影响测试结果,因此每次检测开始前必须检查喷水系统工作状况。测试最好使用洁净的自来水,尤其不能使用有油污污染或混有杂物的水,否则会影响测试结果或堵塞供水管路。

3.2　测试步骤

(1)正式开始测试前，首先应按设备操作手册规定的时间要求对系统进行通电预热。

(2)进入测试路段前应将测试轮胎降至路面上预跑约500m。

(3)按照设备操作手册的规定和测试路段的现场技术要求设置完毕所需的测试状态。

(4)驾驶员在进入测试路段前应保持车速在规定的测试速度范围内，沿正常行车轨迹驶入测试路段。

(5)进入测试路段后，测试人员启动系统的采集和记录程序。在测试过程中必须及时准确地将测试路段的起终点和其他需要特殊标记点的位置输入测试数据记录中。

(6)当测试车辆驶出测试路段后，仪器操作人员停止数据采集和记录，提升测量轮并恢复仪器各部分至初始状态。

(7)操作人员检查数据文件应完整，内容应正常，否则需要重新测试。

(8)关闭测试系统电源，结束测试。

经过长期车辆通行的道路，其在横断面上路面材料的磨光状况分布存在较大差异，轮迹带的摩擦系数明显低于车道其他位置，而路面抗滑性能评价就是要找出路面最不安全的状态，因此进行检测时测试车辆应该尽量按正常轨迹行驶。

4　SFC 值的修正

4.1　SFC 值的速度修正

测试系统的标准测试速度范围规定为 50km/h±4km/h，其他速度条件下测试的 SFC 值必须通过式(T 0965-1)转换至标准速度下的等效 SFC 值。

$$SFC_{标} = SFC_{测} - 0.22(v_{标} - v_{测}) \quad (T\ 0965\text{-}1)$$

式中：$SFC_{标}$——标准测试速度下的等效 SFC 值；

$SFC_{测}$——现场实际测试速度条件下的 SFC 测试值；

$v_{标}$——标准测试速度，取值 50km/h；

$v_{测}$——现场实际测试速度。

通常路面摩擦系数试验方法的测试结果会随测试速度发生变化，速度越快，测试越低。原规程要求测试车辆按 50km 的时速进行检测，但在实际应用中受到其他行驶车辆的影响，测试速度很难保证一直不变，而路面抗滑安全标准是根据 50km/h 的速度制定的，因此使用实际测试结果数据进行评价时，必须首先将各种测试速度下得到的横向力系数转换成 50km/h 的值。

在德国进行的制动力摩擦系数设备的速度试验显示了摩擦系数与测试速度具有明显的相关性，见图 10-2。交通部公路科学研究所完成的交通部项目《高速公路路面自动化检测现场测试规程及评价方法》课题中开展了对横向力系数的速度影响试验，试验结果表明横向力系数与速度具有良好的线性关系，见图 10-3。据此得到的回归公式(T 0965-1)可将各种速度下的测值转换至标准速度下的等效 SFC 值。该公式对各种速度下摩擦系数的修正量值与 SCRIM 系统原产国英国运输部的修正标准基本一致，见表 10-2。

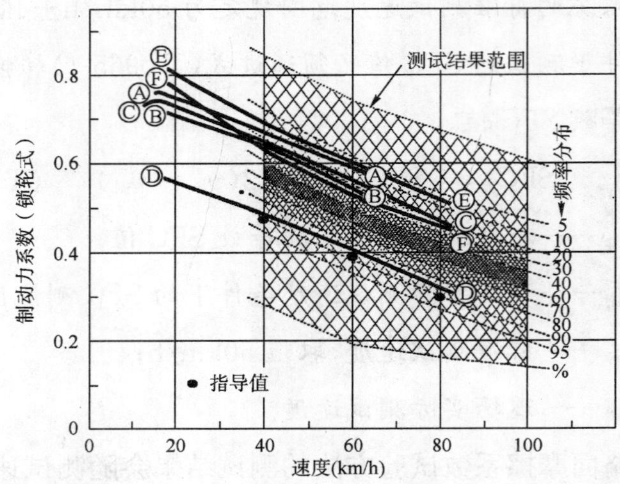

图 10-2　制动力摩擦系数速度试验

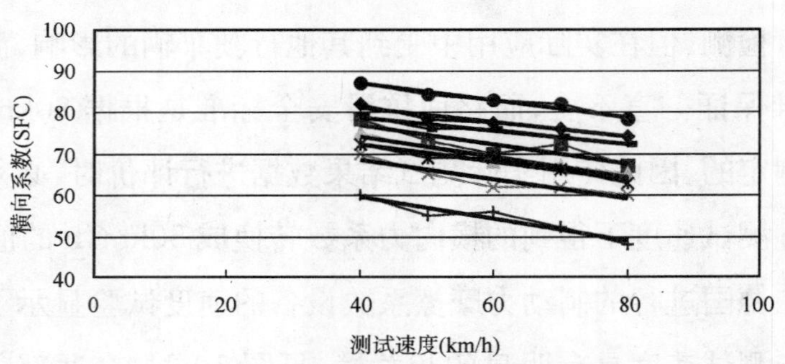

图 10-3　横向力系数速度试验

表 10-2　中英两国横向力系数修正量对比

测试速度(km/h)	英国修正量值	中国修正量值
65～67	+3	+3.3～+3.7
60～64	+2	+2.2～+3.0
55～59	+1	+1.1～+1.9
46～54	0	+0.8～−0.8
42～45	−1	−1.7～−1.1
38～41	−2	−2.6～−1.9
34～37	−3	−3.5～−2.8

4.2 SFC 值的温度修正

测试系统的标准现场测试地面温度范围为 20℃±5℃，其他地面温度条件下测试的 SFC 值必须通过表 T 0965 转换至标准温度下的等效 SFC 值。系统测试要求地面温度控制在 8～60℃范围内。

表 T 0965 SFC 值温度修正

温度(℃)	10	15	20	25	30	35	40	45	50	55	60
修正	−3	−1	0	+1	+3	+4	+6	+7	+8	+9	+10

温度对路面摩擦系数的测试结果具有显著影响，其类似于摆式仪测试结果的温度修正横向力系数的测试也与温度有关。根据交通部公路科学研究院在中国所做的横向力系数长期季节与温度观测试验，得到了表 T 0965 的温度修正值。因此，我们在进行摩擦系数的检测时，同时还应该进行地面温度的测试。

5 不同类型摩擦系数测试设备间相关关系对比试验

5.1 基本要求

不同类型摩擦系数测试设备的测值应换算成 SFC 值后使用，所以制动式摩擦系数测试设备和其他类型横向力式测试设备在使用时必须和 SCRIM 系统进行对比试验，建立测试结果与 SCRIM 系统测值——SFC 值的相关关系。

5.2 试验条件

(1)按 SFC 值 0～30、30～50、50～70、70～100 的范围选择 4 段不同摩擦系数的路段，路段长度可为 100～300m。

(2)对比试验路段地面应清洁干燥，地面温度应在 10～

30℃范围内,天气条件宜为晴天无风。

5.3 试验步骤

(1)测试系统和需要进行对比试验的其他类型设备分别按3.1的方法及其操作手册规定的程序准备就绪。

(2)两套设备分别以40km/h、50km/h、60km/h、70km/h、80km/h的速度在所选择的4种试验路段上各测试3次,3次测试的平均值的绝对差值不得大于5,否则重测。

(3)两种试验设备设置的采样频率差值不应超过一倍,每个试验路段的采样数据量不应少于10个。

5.4 试验数据处理

(1)分别计算出每种速度下各路段3次测试结果的总平均值和标准差,超过3倍标准差的值应予以舍弃。

(2)用数理统计的回归分析方法建立试验设备测值与速度的相关关系式,相关系数R不得小于0.95。

(3)建立不同速度下试验设备测值SFC的相关关系式,相关系数R不得小于0.95。

6 报告

报告应包括横向力系数SFC的平均值、标准差、代表值及现场测试速度和温度。

T 0967—2008 双轮式横向力系数测试系统测定路面摩擦系数试验方法

1 目的与适用范围

1.1 本方法适用于工作原理和结构与Mu-Meter相同的

摩擦系数测试系统在新建、改建路面工程的质量验收和无严重坑槽、车辙等病害的正常行车条件下测定沥青路面或水泥混凝土路面的摩擦系数。

1.2 本方法的数据采集、传输、记录和处理分别由专用软件自动控制进行。

本方法所使用的设备最初由英国研制生产，其测试结果是横向力摩擦系数的一种，但其设备机构和测值与单轮式横向力系数(SCRIM)测试系统有区别。该设备目前在一些国家得到使用，美国ASTM规定有相应技术标准。近年来，该设备在我国的引进和使用程度不断提高，且已经有国产设备投入市场，为规范该类设备的使用，本规程新增其试验方法。

2 仪具与材料技术要求

2.1 测试系统构成

测定系统主要由牵引车、供水系统、测量机构(包括荷载传感器)、电子控制和数据处理系统、标定装置等组成，如图T 0967-1和图T 0967-2。

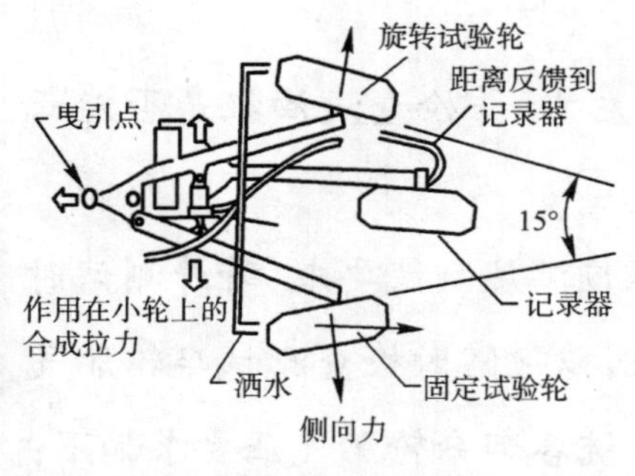

图T 0967-1 平面示意图

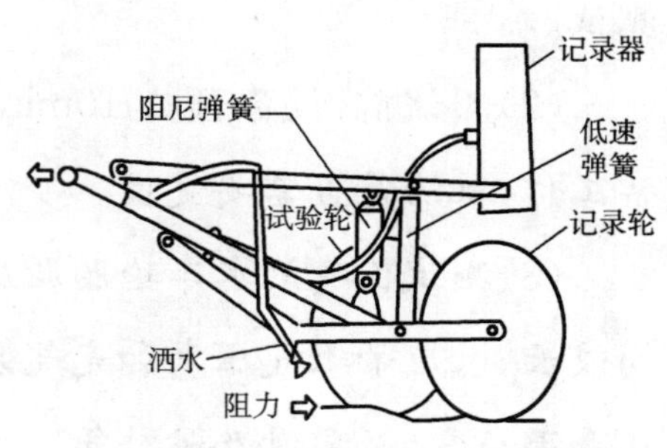

图T 0967-2 侧视示意图

2.2　设备牵引车基本技术要求和参数

牵引车最高行驶车速应大于80km/h,车辆后部可安装专用拖挂的装置,车辆应配备警灯及相关警示标志。

2.3　测试系统技术要求和参数

(1)测试仪总质量:256kg。

(2)单轮静态标准荷载:1.27kN。

(3)测试轮夹角:15°。

(4)测试轮标准气压:70kPa±3.5kPa。

(5)测试轮规格:4.00/4.80-8 光面轮胎。

(6)洒水量:路面水膜厚度 0.5～1.0mm。

(7)测试速度范围:40～60km/h。

3　方法与步骤

3.1　准备工作

(1)按照仪器设备技术手册或使用说明书对测试系统进行标定。将专门的标定板放在地面上,人工将测试仪从板上拖拉三遍,系统自动判断标定是否通过,标定通过后才能用于路面测试。

(2)测试前,设备预热 10min 左右,并检查汽油机是否能正常工作,机油是否需要更换。

(3)测试仪及洒水车轮胎胎压应满足测试要求,野外测试时间较长时,应带上气压表和充气泵,以便随时检查测试车轮胎气压是否正常,必要时及时补气。系统各部分轮胎气压要求如下:

①摩擦测试轮:70kPa±3.5kPa。

②距离测试轮：210kPa±13.7 kPa。

③水车轮胎：根据轮胎标示气压值。

(4)降下测试轮，打开水阀进行检查，水流情况应正常，水流应符合要求，检查仪表，各项指数应正常，然后升起测试轮。

(5)将牵引车及洒水车、测试仪及控制线路连接线依次连好后，拔出测试车插销，打开电脑进入测试状态，同时发动汽油机，打开水阀，准备测试。

3.2 测试步骤

(1)在测试路段起点前约500m处将车停住，开机预热时间不少于10min。

(2)将车辆驶向测试路段，提前100～200m处打开水阀，降下测试轮。测试时的车速为40～60km/h，测试过程中应保持匀速。

(3)测试过程中如遇数值异常或其他特征点，应及时通过控制程序做好标记，以备后查。

(4)当测试完成时，停止测试过程，存储数据文件。

双轮式横向力系数测试装置为拖挂结构，其一般位于拖车后部中间的位置，而摩擦系数测试要求在轮迹位置进行，因此在车道上测试时要求司机控制好拖车行驶位置，尽量使测试轮沿轮迹带运行。

另外，由于两测试轮角度的关系，在弯道和大横纵坡测试时的数据可能出现异常，测试人员需要注意记录并在后期处理时删除。

4 测试数据处理

测定的摩擦系数数据存储在计算机磁盘中。测试系统提供数据处理程序软件，可计算和打印出每一个计算区间的摩擦系数值、行程距离、行驶速度、统计个数、平均值及标准差，同时还可打印出摩擦系数的变化图。

5 数据类型相关性转换

本试验方法得到的直接数据结果应参照 T 0965 第 5 条的内容转换为标准 SFC 值后才可进行相关的质量检验和评价。

该设备测试参数类型虽然也属于横向力系数，但由于其荷载压力、轮胎规格、受力角度等参数均与单轮式横向力系数设备不同，因此其测试结果必须通过建立与 SFC 的相关关系并进行转换后才能用于工程检验和评价。

6 报告

(1)路段摩擦系数值平均值、标准差、变异系数。

(2)提供摩擦系数值与 SCRIM 系统测值所建立的相关关系式及相关系数。

T 0968—2008 动态旋转式摩擦系数测试仪测定路面摩擦系数试验方法

1 目的与适用范围

本方法适用于工作原理及结构与日本 Dynamic Friction Tester 相同的动态旋转式摩擦系数测试仪测定路面的摩擦系数。

此设备特点是一次测试可得到不同速度下的摩擦系数，且测试结果稳定性较好，与横向力系数和摆式仪摆值具有良好的相关关系；另外其体积小，便于随车携带，适合定点或小规模测量。但是，该设备由于与地面接触橡胶块面积较小，因此不适用于有明显破损坑槽和构造的路面。

2 仪具与材料技术要求

(1)动态旋转式摩擦系数测试仪：包括控制器、测试仪和记录仪(图 T 0968)。

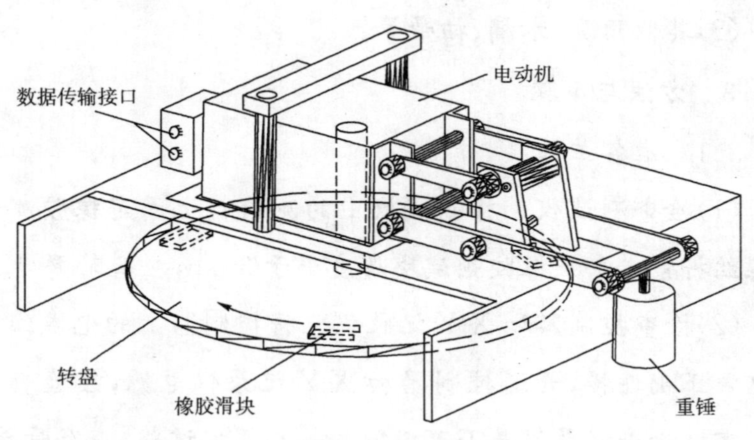

图 T 0968 DF 仪示意图

测试仪的主要部件是一个平面平行于测试表面的转盘，有三个橡胶滑块安装在转盘下方。测试仪还配有洒水装置，用于潮湿测试表面。测试时，当转盘加速到一定转速后被放到测试表面，使橡胶滑块与测试表面接触。在摩擦力的作用下转盘被减速，在此过程中测出由滑块所产生的力矩，并由此计算出摩擦系数。

滑块用簧片固定在转盘上。每个滑块的固定压力为

11.8N。滑块的外形尺寸如图 T 0968 所示,轮廓尺寸为 6mm×16mm×20mm。滑块与测试表面的接触压力为 150kPa。滑块橡胶的肖氏硬度为 58±2。

测量范围为 20～80km/h 的模拟车速下摩擦系数 0～1 的值。在现场测试时需要通过车辆的蓄电池(DC 12V)为其提供电源。

记录仪可以是 *X-Y* 记录仪或便携式计算机。采用 *X-Y* 记录仪时应备好记录纸和专用记录笔。

(2)其他用具:水桶、扫帚等。

3 方法与步骤

3.1 准备工作

(1)检查测试仪。将测试仪中的测试盘上固定橡胶测试块的螺丝拧紧。如果橡胶测试块厚度小于 3mm,应及时更换。

(2)检查控制器和 *X-Y* 记录仪。将控制器上的电源线与车辆电源正确连接,开通控制器和 *X-Y* 记录仪电源,经检查应工作正常。检查记录笔是否可以使用。如笔尖过粗,应及时更换。

3.2 测试步骤

(1)用车辆将动态旋转式摩擦系数测试仪运到测试地段,选择轮迹上一块较为平坦且均匀的路面作为测试点,尽量避免坑槽或突粒,用扫帚将其清扫干净。将测试仪放到测试点上。测试仪的摆放方向应便于底部排水管将水排向测试点的方向。

(2)将测试仪与控制器正确连接,将灌满清水的水桶通过水管与测试仪的进水管连接,并将水桶放在高于测试仪处。将记录纸按照要求平铺在 X-Y 记录仪上。将控制器上的电源线与车辆电源正确连接。为保证车辆蓄电池保持平稳电压,应将车辆怠速运转。

(3)按顺序开通控制器电源开关及 X-Y 记录仪电源开关,启动记录笔,通过 X、Y 坐标调节器将记录笔调整至记录纸圆点坐标。

(4)开通控制器测试电源开关,下压测试仪电磁铁的开关,此时测试盘提升旋转。开通水桶的开关,向测试点开始喷水。检查 X-Y 记录仪,通过 X、Y 坐标调节器调节记录笔沿坐标轴行走。

(5)检查控制器的时速表,调节水量。当时速表达到 90km/h 的时候,关闭测试电源开关和水桶开关,测试盘降落到路面上进行测试,记录笔在记录纸上开始记录。

(6)测试仪的测试盘停止转动,记录笔在记录纸上记录直至回到圆点。测试结束。按照上述方法在同一测试点测试 3 次,同一测试点测试的 3 次结果的差值应不大于 0.1 个单位。每一处取 3 次测试结果的平均值作为试验结果,准确至 0.01。

4 报告

报告应包含如下内容:

(1)路面单点测定值、现场温度、3 次的平均值。

(2)评定路段路面摩擦系数的平均值、标准差、变异系数。

11 渗 水

T 0971—2008 沥青路面渗水系数测试方法

1 目的与适用范围

本方法适用于在路面现场测定沥青路面的渗水系数。

1)沥青路面渗水仪的确定

沥青路面的水损害破坏,近年来频频发生。由于设计、施工及材料方面的原因,有些高速公路的沥青路面在通车1～2年内出现大面积的松散、坑槽。不仅在经济上造成很大的损失,而且社会影响也很坏。因此路面的渗水问题,越来越引起公路部门的重视。许多单位已经采用了各种方法检查路面的密水性能和渗水情况:

(1)往路面上倒水观察水的渗透情况。

(2)向钻孔试件上倒水观察水的流出情况。

(3)在钻孔中灌水观察水的存留和渗透情况。

(4)进行渗水试验。

(5)有的单位还研制了各种型式的渗水仪。

由此可见,沥青路面的渗水试验对检测路面的密实度、密水性至关重要。因此,沥青路面渗水性能是反映路面沥青混合料级配组成的一个间接指标,也是沥青路面水稳定性的一个重要指标。如果整个沥青面层均透水,则水势必进入基层或路基,使路面承载力降低。相反如果沥青面层中有一层不透水，而表层能很快透水，则又不致形成水膜，对抗滑性能有很大好处。所以路面渗水系数已成为评价路面使用性能的一个重要指标列入相关的技术规范中。

原规程的试验方法是在我国以往实践经验的基础上参照日本铺装试验法便览的透水试验方法编写的。本次修订是通过对国内外多种渗水测定方法和渗水指标的研究，将原《公路路基路面现场测试规程》(JTJ 059—95)中的沥青路面渗水仪进行了适当的改变，用我国原来类似于 NCAT 的两段式渗水仪进行了大量的对比试验后，发现原规程的渗水仪存在不足，决定对原规程的渗水仪进行改进完善。其主要改进的地方有：增大了底座的外围直径，由原来的 16.5cm 增大为 22cm，这样底盘的圆环宽度由原来的 0.75cm 增大为 3.5cm；增加了渗水仪的高度，由原来的 31cm 增加为 51.5cm；增加了和底盘形状面积一样的塑料环。改进后的渗水仪由于底座改进后，接地面积是原来的 5.5 倍，并且有以下的优点：

(1)由于是一段式渗水仪，因此初始水头和结束水头的读取比较简单。

(2)底座接地面积改进后，大大改善了密封性能。

(3)通过使用塑料环画圈，可以比较精确地控制渗水面积，而且采取的密封措施可以使渗水面积在试验过程中不会发生改变。

(4)操作起来比较方便、快捷。

通过以上研究，可以发现经过改进后的渗水仪有着明显的优势，使用方便，效果良好。

2)渗水密封方法的研究

用于渗水试验的密封材料对于试验的成败非常重要，因此下面介绍一下密封剂的选用和需要注意的问题。

在《沥青路面透水测定方法及指标要求》项目研究时，各参加单位采用了多种材料作为密封剂，通过研究实践，其结论如下：

面粉：来源比较方便，对路面污染小，试验后易于清洗，但是存放时间长了容易发酵变质，不宜重复使用。

黄油：对路面的污染比较厉害，残留在路面上的黄油会危及车辆的行使，因此不宜采用黄油作为密封剂。

防水腻子：来源比较广，残留在路面也不会对行车造成危害，而且可以回收再次利用，腻子具有一定的韧性，在一定的水头作用下不至于漏水，但是要注意在选择腻子时要用新鲜的腻子，存放时要注意密封，当时间较长或比较干燥的腻子不能再使用。

玻璃密封胶：玻璃胶是一种很理想的密封材料，密封效果好，完全不污染路面，测试完成后，基本上在15min后密封胶就可以凝固成一层皮，轻轻一拉就可以全部清除，完全不留痕迹，但是采用玻璃胶作为密封材料成本较高。

橡皮泥：比较好用，但是试验成本较高。

综上所述，可以用来作为密封剂的材料很多，各使用单位可以根据自己的试验经验，通过实践选择合适的密封剂材料。我们的研究建议采用的材料为：防水腻子、橡皮泥。

2 仪具与材料技术要求

本方法需要下列仪具与材料：

(1)路面渗水仪：形状及尺寸如图 T 0971。上部盛水量筒由透明有机玻璃制成，容积 600mL，上有刻度，在 100mL 及 500mL处有粗标线，下方通过ϕ10mm的细管与底座相接，中间

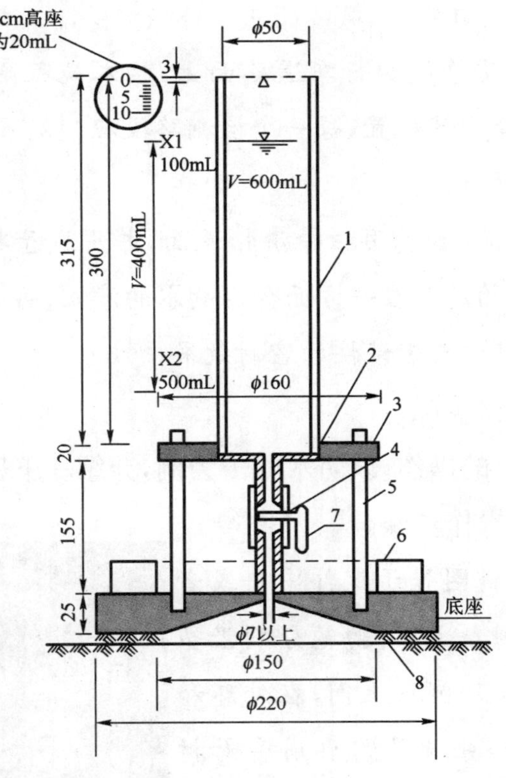

图 T 0971 渗水仪结构图(单位：mm)

1-透明有机玻璃筒；2-螺纹连接；3-顶板；4-阀；5-立柱支架；6-压重钢圈；7-把手；8-密封材料

有一开关。量筒通过支架联结，底座下方开口内径 ϕ150 mm，外径 ϕ220mm，仪器附不锈钢圈压重两个，每个质量约 5kg，内径 ϕ160mm。

(2)水筒及大漏斗。

(3)秒表。

(4)密封材料：防水腻子、油灰或橡皮泥。

(5)其他：水、粉笔、塑料圈、刮刀、扫帚等。

3　方法与步骤

3.1　准备工作

(1)在测试路段的行车道路面上，按本规程附录 A 的随机取样方法选择测试位置，每一个检测路段应测定 5 个测点，并用粉笔画上测试标记。

(2)试验前，首先用扫帚清扫表面，并用刷子将路面表面的杂物刷去，杂物的存在一方面会影响水的渗入；另一方面也会影响渗水仪和路面或者试件的密封效果。

3.2　测试步骤

对密封时的操作，以防水腻子为例，介绍一下密封剂的使用方法，具体的操作步骤。

(1)将塑料圈置于试件中央或者路面表面的测点上，用粉笔分别沿塑料圈的内侧和外侧画上圈，在外环和内环之间的部分就是需要用密封材料进行密封的区域。

图　11-1

测试步骤(1)如图 11-1～图 11-3

所示。

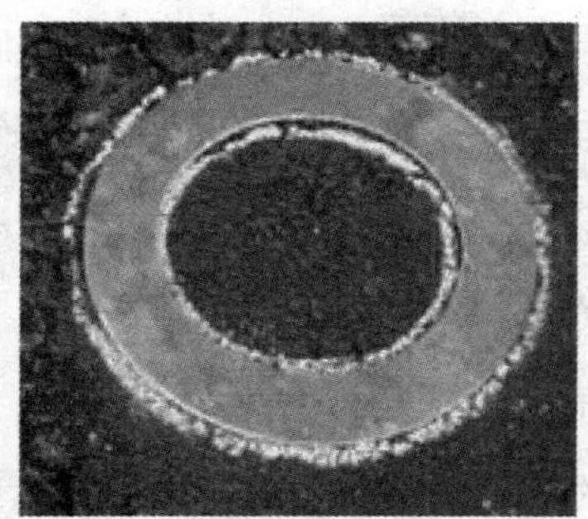

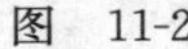

图 11-2

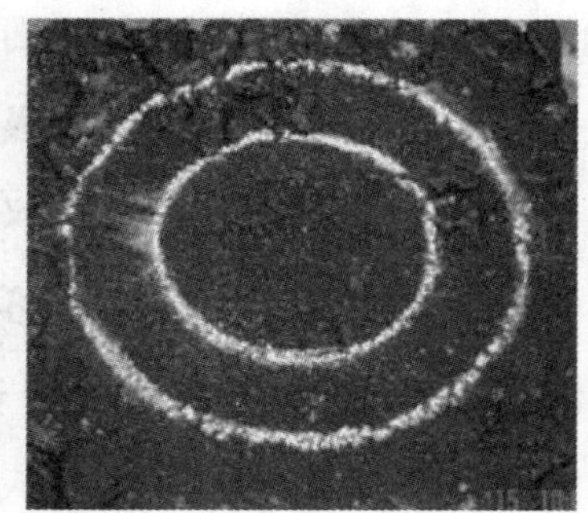

图 11-3

如果在密封区域内发现有构造深度较大的部位时，必须先用密封剂对这些部位的纹理深度进行填充，以防止渗水试验时水通过这些表面纹理渗出从而影响试验结果(图 11-4)。对较大的纹理进行处理后，再用密封剂对环状密封区域进行处理，用刮刀将密封剂均匀地涂抹在此区域内的试件表面上，用刮刀刮平，可以防止渗水仪压上去后密封剂被挤到内圈而改变渗水面积(图 11-5)。

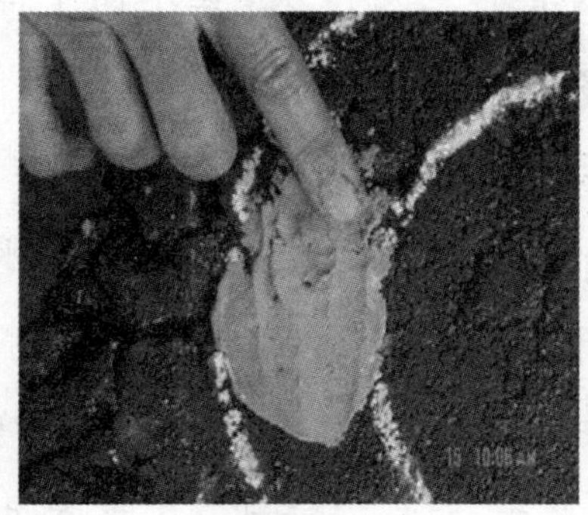

图 11-4

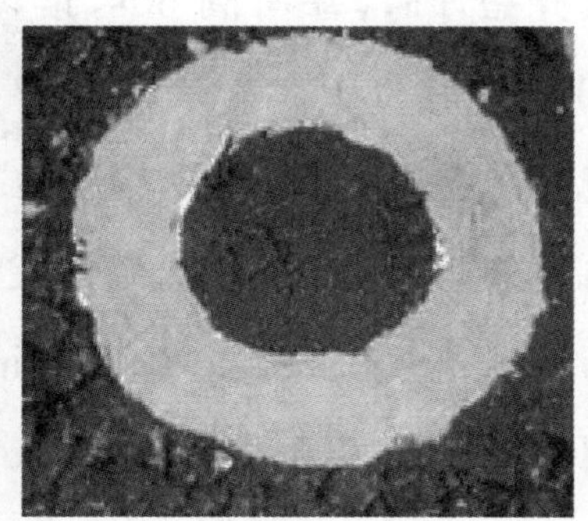

图 11-5

(2)用密封材料对环状密封区域进行密封处理，注意不要使密封材料进入内圈，如果密封材料不小心进入内圈，必须用刮刀将其刮走。然后再将搓成拇指粗细的条状密封材料摞在环状密封区域的中央，并且摞成一圈（如图 11-6 所示）。

(3)将渗水仪放在试件或者路面表面的测点上，注意使渗水仪的中心尽量和圆环中心重合，然后略微使劲将渗水仪压在条状密封材料表面，再将配重加上，以防压力水从底座与路面间流出。

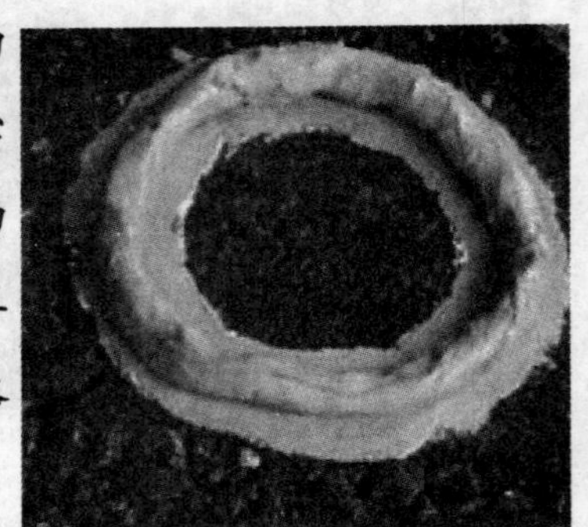

图 11-6

(4)将开关关闭，向量筒中注满水，然后打开开关，使量筒中的水下流排出渗水仪底部内的空气，当量筒中水面下降速度变慢时用双手轻压渗水仪使渗水仪底部的气泡全部排出。关闭开关，并再次向量筒中注满水。

(5)将开关打开，待水面下降至 100mL 刻度时，立即开动秒表开始计时，每间隔 60s，读记仪器管的刻度一次，至水面下降 500mL 时为止。测试过程中，如水从底座与密封材料间渗出，说明底座与路面密封不好，应移至附近干燥路面处重新操作。当水面下降速度较慢，则测定 3min 的渗水量即可停止；如果水面下降速度较快，在不到 3min 的时间内到达了 500mL 刻度线，则记录到达了 500mL 刻度线时的时间；若水面下降至一定程度后基本保持不动，说明基本不透水或根本不透水，在报告中注明。

(6)按以上步骤在同一个检测路段选择 5 个测点测定渗水

系数，取其平均值作为检测结果。

4 计算

计算时以水面从 100mL 下降到 500mL 所需的时间为标准，若渗水时间过长，也可以采用 3min 通过的水量计算。

$$C_w = \frac{V_2 - V_1}{t_2 - t_1} \times 60 \tag{T 0971}$$

式中：C_w——路面渗水系数(mL/min)；

V_1——第一次计时时的水量(mL)，通常为 100mL；

V_2——第二次计时时的水量(mL)，通常为 500mL；

t_1——第一次计时的时间(s)；

t_2——第二次计时的时间(s)。

5 报告

现场检测，每一个检测路段应测定 5 个测点，计算其平均值作为检测结果。若路面不透水，在报告中注明渗水系数为 0。

对渗水较快，水面从 100mL 降至 500mL 的时间不很长时，中间也可不读数，如果渗水太慢，则从水面降至 100mL 时开始，测记 3min 即可中止试验，若水面基本不动，说明路面不透水，则在报告中注明即可。

原渗水系数计算公式里的说明不清楚，修改后的公式更加合理，实施起来也方便。

12 错 台

T 0972—1995 路面错台测试方法

1 目的与适用范围

本方法适用于测定路面在人工构造物端部接头、水泥混凝土路面或桥梁的伸缩缝以及沥青路面裂缝两侧由于沉降所造成的错台(台阶)高度,以评价路面行车舒适性能(跳车情况),并作为计算维修工作量的依据。

错台为《公路技术状况评定标准》(JTG H20—2007)中定义的一种路面病害,而在《公路工程质量检验评定标准 土建工程》(JTG F80/1—2004)和交通部2004年3号令《公路工程竣(交)工验收办法》中对水泥混凝土路面的错台称为相邻板高差。

2 仪具与材料技术要求

本方法需要下列仪具与材料

(1)皮尺。

(2)水准仪。

(3)3m直尺、钢板尺、钢卷尺、粉笔。

目前还有一种金属制的深度测量尺,使用较为方便,也可用来测量错台。

3 方法与步骤

3.1 非经注明,错台的测定位置,以行车道错台最大处纵断面为准，根据需要也可以其他代表性纵断面为测定位置。

3.2 选择需要测定的断面，记录位置及桩号，描述发生错台的原因。

3.3 构造物端部由于沉降造成的接头错台的测试步骤如下：

(1)将精密水平仪架在距构造物端部不远的路面平顺处调平。

(2)从构造物端部无沉降或鼓包的断面位置起，沿路线纵向用皮尺量取一定距离，作为测点，在该处立起塔尺，测量高程。再向前量取一定距离，作为测点，测量高程。如此重复，直至无明显沉降的断面为止。无特殊需要，从构造物端部起的2m内应每隔0.2m量测一次，2～5m内宜每隔0.5m量测一次，5m以上可每隔1m量测一次，由此得出沉降纵断面及最大沉降值，即最大错台高度D_m，准确至1mm。

3.4 测定由水泥混凝土路面或桥梁的伸缩缝或路面横向开裂造成的接缝错台、裂缝错台时，可按第3.3条的方法用水平仪测定接缝或裂缝两侧一定范围内的道路纵断面，确定最大错台的位置及高度D_m，准确至1mm。

3.5 当发生错台变形的范围不足3m时，可在错台最大位置沿路线纵向用3m直尺架在路面上，其一端位于错台的高出的一侧，另一端位于无明显沉降变形处，作为基准线。用钢板尺或钢卷尺每隔0.2m量取路面与基准线之间高度D，同时测记最大错台高度D_m，准确至1mm。

4 资料整理

以测定的错台读数 D 与各测点的距离绘成纵断面图作为测定结果。图中应标明相应断面的设计纵断面高程，最大错台的位置与高度 D_m，准确至0.001m。

5 报告

测试报告应记录如下事项：

(1)路线名、测定日期、天气情况。

(2)测定地点、桩号、路面及构造物概况。

(3)道路交通情况及造成错台原因的初步分析。

(4)最大错台高度 D_m 及错台纵断面图。

13 车　　辙

T 0973—2008　沥青路面车辙测试方法

1　目的与适用范围

本方法适用于测定沥青路面的车辙，供评定路面使用状况及计算维修工作量时使用。

沥青路面车辙在许多国家作为单独评价通车后路面性能状况的一个技术指标，但在我国早期有关规范中把它作为路面诸多病害中的一种，与其他破损指标合并计算与评价。近年来，随着国内高速公路的大量通车运行以及车辙现象的日益严重，交通部2004年3号令《公路工程竣(交)工验收办法》和《公路技术状况评定标准》(JTG H20—2007)均已把车辙作为单独评定的技术指标。

2　仪具与材料技术要求

本方法可选用下列仪具与材料：

(1)路面横断面仪：如图T 0973-1所示。其长度不小于一个车道宽度，横梁上有一位移传感器，可自动记录横断面形状，测试间距小于20cm，测试精度1mm。

(2)激光或超声波车辙仪。包括多点激光或超声波车辙仪、线激光车辙仪和线扫描激光车辙仪等类型，通过激光测距技术

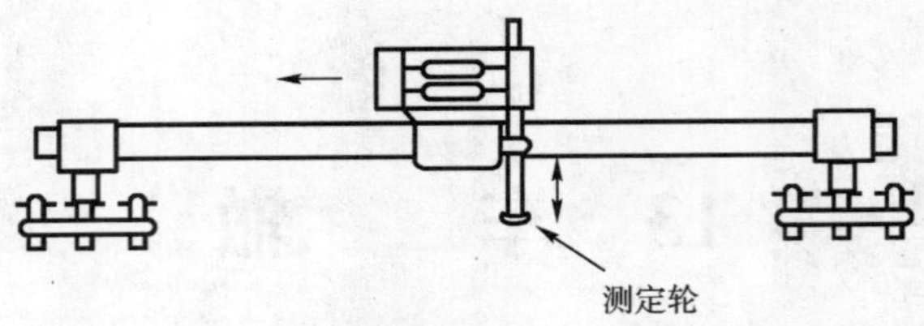

图 T 0973-1　路面横断面仪

或激光成像和数字图像分析技术得到车道横断面相对高程数据，并按规定模式计算车辙深度。

要求激光或超声波车辙仪有效测试宽度不小于 3.2m，测点不少于 13 点，测试精度 1mm。

(3)横断面尺：如图 T 0973-2 所示。横断面尺为硬木或金属制直尺，刻度间距 5cm，长度不小于一个车道宽度。顶面平直，最大弯曲不超过 1mm，两端有把手及高度为 10～20cm 的支脚，两支脚的高度相同。

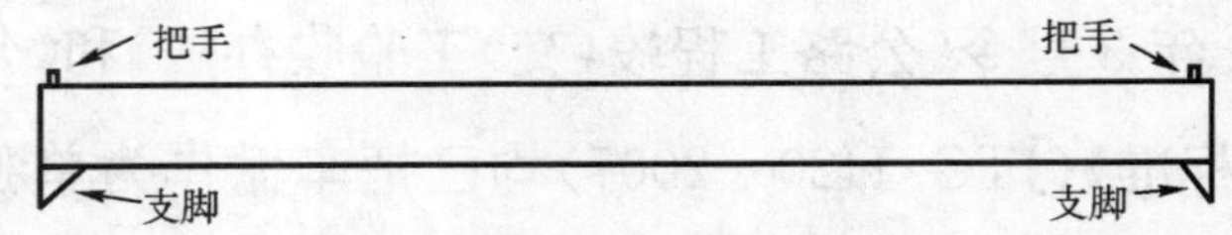

图 T 0973-2　路面横断面尺

(4)量尺：钢板尺、卡尺、塞尺，量程大于车辙深度，刻度至 1mm。

(5)其他：皮尺、粉笔等。

传统的车辙测试工具都需要横向摆放在车道上，这种测试方式只适合在车流量小的路段上少量抽检使用，而且存在现场维护安全的问题。目前国内外在通车道路上测试车辙普遍采用车载式激光车辙仪快速检测的方式，采样效率和现场安全性均较高。同时,这类设备的横向采样点数和最大宽度又直接决定了测试结果的准确性,因此,本规程对传感器测试精度、横向测试宽度和测试点数均作出了规定。这类设备的突出特点是高程测量传感器数量越多,横向测点越密集,车辙检测可信度就越高;但是采用较多数量的传感器不仅造成设备结构安置上技术难度的增加,还使制造成本大幅上升。因此,采用合适数量的高程测量传感器非常重要,既要保证工程检测结果准确性的要求,又要尽量降低设备制造成本。

新西兰所做的传感器数量与车辙深度测试结果误差之间的关系表明,测试结果稳定性变化曲线的拐点出现在传感器数量10～20之间,因此世界大部分国家该类设备的传感器数量选择在11～17范围之间,目前的发展趋势是增加更多的传感器数量,最新技术的测试系统的甚至达到40个传感器数量。另外,传感器数量的确定还与各国规定车辙深度计算模型有关。在我国,考虑到车辆行驶过程中需要测定5个控制点的高程以及车辙形状分布的规律,最终确定横断面不得少于13个测点的要求。

3 方法与步骤

3.1 车辙测定的基准测量宽度应符合下列规定:

(1)对高速公路及一级公路,以发生车辙的一个车道两侧标线宽度中点到中点的距离为基准测量宽度。

(2)对二级及二级以下公路,有车道区画线时,以发生车辙的一个车道两侧标线宽度中点到中点的距离为基准测量宽度;

无车道区画线时，以形成车辙部位的一个设计车道宽，作为基准测量宽度。

3.2　以一个评定路段为单位，用激光车辙仪连续检测时，测定断面间隔不大于 10m。用其他方法非连续测定时，在车道上每隔 50m 作为一测定断面，用粉笔画上标记进行测定。根据需要也可按附录 A 的方法在行车道上随机选取测定断面，在特殊需要的路段如交叉口前后可予加密。

3.3　采用激光或超声波车辙仪的测试步骤如下：

(1)将检测车辆就位于测定区间起点前。

(2)启动并设定检测系统参数。

(3)启动车辙和距离测试装置，开动测试车沿车道轮迹位置且平行于车道线平稳行驶，测试系统自动记录出每个横断面和距离数据。

(4)到达测定区间终点后，结束测定。

(5)系统处理软件按照图 T 0973-3 规定的模式通过各横断面相对高程数据计算车辙深度。

传感器数量较多的设备能够采集到全部计算控制点的高程，因此车辆在车道上的行驶位置对测试结果的影响不大；但传感器数量少的设备，必须保证车辆严格在行车轨迹上行驶，否则将导致传感器与车辙计算控制点错位，采集不到控制点高程数据，进而计算出错误的车辙深度。

3.4　采用路面横断面仪的测试步骤如下：

(1)将路面横断面仪就位于测定断面上，方向与道路中心线

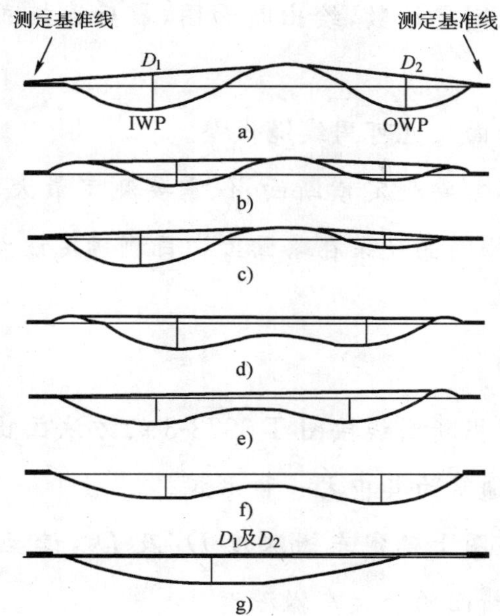

图 T 0973-3　不同形状、不同程度的路面车辙示意图

注：IWP、OWP 表示内侧轮迹带及外侧轮迹带。

垂直，两端支脚立于测定车道的两侧边缘，记录断面桩号。

(2)调整两端支脚高度，使其等高。

(3)移动横断面仪的测量器，从测定车道的一端移至另一端，记录出断面形状。

3.5　采用横断面尺的测试步骤如下：

(1)将横断面尺就位于测定断面上，两端支脚置于测定车道两侧。

(2)沿横断面尺每隔 20cm 一点，用量尺垂直立于路面上，用目平视测记横断面尺顶面与路面之间的距离，准确至 1mm。如断面的最高处或最低处明显不在测定点上应加测该点距离。

(3)记录测定读数,绘出断面图,最后连接成圆滑的横断面曲线。

(4)横断面尺也可用线绳代替。

(5)当不需要测定横断面,仅需要测定最大车辙时,亦可用不带支脚的横断面尺架在路面上由目测确定最大车辙位置用尺量取。

4 计算

4.1 根据断面线按图 T 0973-3 的方法画出横断面图及顶面基准线。通常为其中之一种形式。

4.2 在图上确定车辙深度 D_1 及 D_2,读至 1mm。以其中最大值作为断面的最大车辙深度。

4.3 求取各测定断面最大车辙深度的平均值作为该评定路段的平均车辙深度。

世界各国采用的车辙深度计算方法有所不同。例如,美国以两条车辙中部最高点与车辙最低点的两个高差的平均值作为测试断面的车辙深度,这种模式只要测横断面上 3 点的高程即可;而我国将车辙分为图 T 0973-3 的 7 种形式,先通过控制点画出基准线,再以车辙最低点到基准线的距离作为车辙深度,并且只取同一断面上的最大深度作为测试结果。

5 报告

测试报告应记录下列事项:

(1)采用的测定方法。

(2)路段描述,包括里程桩号、路面结构及横断面、使用年限、交通情况等。

(3)各测定断面的横断面图。

(4)各测定断面的最大车辙深度表。

(5)各评定路段的最大车辙深度及平均车辙深度。

(6)根据测定目的应记录的其他事项或数据。

14 施工控制

T 0981—2008 热拌沥青混合料施工温度测试方法

1 目的与适用范围

本方法适用于检测热拌热铺沥青混合料的施工温度，包括拌和厂沥青混合料的出厂温度、施工现场的摊铺温度、碾压开始时混合料的内部温度及碾压终了的内部温度等，供施工质量检验和控制使用。

2 仪具与材料技术要求

本方法需要下列仪具与材料：

(1)温度计：常温至300℃，最小读数1℃，宜采用有数字显示或度盘指针显示的金属杆插入式热电偶温度计，测杆的长度不小于300mm。

(2)其他：棉纱、软布、螺丝刀等。

3 方法与步骤

3.1 在运料卡车上测试

(1)混合料出厂温度或运输至现场温度应在运料卡车上测试，每车检测一次。当运料卡车的侧面中部有专用的温度检测孔(距底板高约300mm)时，可采用如图T 0981所示的方法，用插入式温度计直接插入测试孔内的混合料中测试；当运料卡车无专用的温度检测孔时，可在运料车的混合料堆上部侧面测试，在拌和厂检测的为混合料出厂温度，在运输至现场后检测的为现场温度。

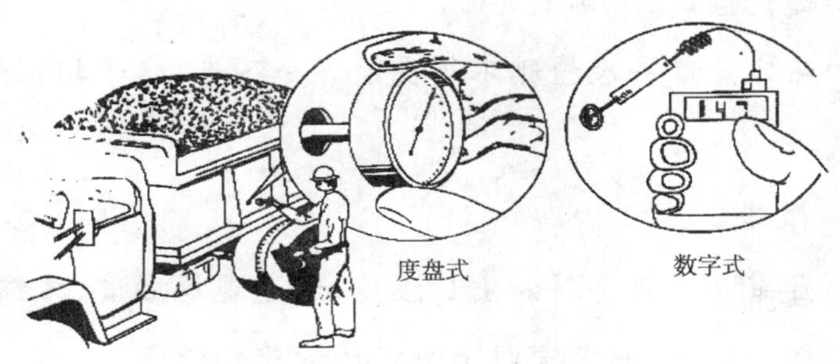

图 T 0981　在运料车上测试沥青混合料温度的方法

(2)测试时，温度计插入深度不小于 150mm，注视温度变化直至不再继续上升为止，读记温度，准确至 1℃。

3.2　在摊铺现场检测

(1)混合料摊铺温度宜在摊铺机的一侧拨料器前方的混合料堆上测试。在测试位置将温度计插入混合料堆的 150mm 以上，并跟着向前走，如料堆向前滚，拔出后重新插入，注视温度变化直至不再继续上升为止，读记温度，准确至 1℃。

(2)摊铺温度应每车检测一次，要求符合现行《公路沥青路面施工技术规范》(JTG F40)的规定。

3.3　在沥青混合料碾压过程中测定压实温度

(1)根据需要，随时选择初压开始、复压或终压成形等各个阶段的测点，供测试碾压温度及碾压终了温度用。

(2)将温度计仔细插入路面混合料压实层一半深度，轻轻压紧温度计旁被松动的混合料；当温度上升停止后，立即拔出并再次插入旁边的混合料层中测量，当测杆插入路面较困难时，可用螺丝刀先插一孔后再插入温度计。注视温度变化至不再继续上升为止，读记温度，准确至1℃。

(3)压实温度一次检测不得少于3个测点，取平均值作为测试温度。

4　报告

(1)每车沥青混合料的出厂温度、到达现场温度、摊铺温度。

(2)压实温度，取3次以上测定值的平均值。

(3)气候状况、测定时间、层位、测定位置等。

T 0982—1995　沥青喷洒法施工沥青用量测试方法

1　目的与适用范围

本方法适用于检测沥青表面处治、沥青贯入式、透层、黏层等采用喷洒法施工的沥青材料喷洒数量，供施工质量检验和控制使用。

2　仪具与材料技术要求

本方法需要下列仪具与材料：

(1)天平或磅秤，感量不大于10g。

(2)受样盘：浅搪瓷盘或自制铁皮盘，面积不小于1 000cm^2，也可用硬质牛皮纸代替。

(3)钢卷尺或皮尺。

(4)地秤。

3 方法与步骤

3.1 用钢卷尺测量受样盘开口面积或牛皮纸的面积，计算准确至0.1cm²。并称取受样盘或牛皮纸的质量 m_1，准确至1g。

3.2 根据沥青洒布车的沥青用量预计洒布的路段长度，在距两端1/3长度附近的洒布宽度的任意位置上，放置2个搪瓷盘或硬质牛皮纸，但应躲开车轮轨迹。

3.3 沥青洒布车按正常施工速度和洒布方法喷洒沥青。

3.4 将已接受有沥青的搪瓷盘或牛皮纸仔细取走，称取总质量 m_2，准确至1g。当采用牛皮纸时，应待沥青稍凝固并将四角稍稍抬起，以防沥青流失。

3.5 搪瓷盘或牛皮纸取走后的空白处，应采用适当方式补洒沥青。

3.6 沥青洒布车喷洒的沥青用量亦可用洒布车喷洒沥青的总质量及洒布总面积相除求得。此时洒布车喷洒前后的质量应由地秤称重正确测定，洒布总面积由皮尺测量求得。

4 计算

4.1 洒布的沥青用量按式(T 0982)计算：

$$Q=\frac{m_2-m_1}{F} \qquad \text{(T 0982)}$$

式中：Q——沥青洒布车洒布的沥青用量(kg/m²)；

m_1——搪瓷盘或牛皮纸质量(kg)；

m_2——搪瓷盘或牛皮纸与沥青的合计质量(kg)；

F——搪瓷盘或牛皮纸的面积(m^2)。

4.2 计算所放置的各搪瓷盘或牛皮纸测定值的平均值，当两个测定值的误差不超过平均值的10%时，取两个数据的平均值作为洒布沥青用量的报告值。

5 报告

(1)试验时洒布车的车速、挡数等数据。

(2)施工路段(桩号)、洒布沥青用量的逐次测定值及平均值。

T 0983—2008 沥青混合料质量总量检验方法

1 目的与适用范围

本方法适用于在热拌沥青混凝土路面施工过程中对各层沥青混合料的厚度、矿料级配、油石比及拌和温度进行现场监测。通过拌和厂对混合料生产质量的总量检验，计算摊铺层的平均压实层厚度。

沥青路面的过程控制是保证在施工过程中不出次品的手段，为了改变原来事后检查改为过程控制的做法，本规程增加了沥青混合料质量总量检验的内容。

就我们目前的施工水平而言，能够做到过程控制的项目并不多，为此本规程重点规定了沥青混合料生产过程中的在线监测项目，这就要求每拌和一盘沥青混合料就基本上了解其质量是否符合要求，这是真正意义上的过程控制。如果暂时做不到每一盘控制的话,可以每一天混合料总量作检验,这是肯定可以做到的。对沥青混合料的质量以前都是抽提筛分,现在还不能不要,因为总量检验的准确性(关键是称重传感器)需要互相校验。

沥青路面的厚度以前多通过钻孔试件,数据少,还可能人为地舍弃一些数据,采用每天实际的生产量与铺筑面积计算,将能得到比较准确的平均厚度。以后随着技术水平的提高,能够实行过程控制的项目将会不断增多,施工质量管理的水平也将得到发展和提高。

2 仪具与材料技术要求

(1)拌和机类型:按现行《公路沥青路面施工技术规范》(JTG F40)的规定选用。

(2)高速公路和一级公路宜采用间歇式拌和机生产沥青混合料,拌和机必须配备计算机自动采集及记录打印数据的装置,以进行沥青混合料的总量检验。

3 方法与步骤

3.1 准备工作

(1)对拌和机的各种称重传感器逐个认真标定,自动采集、记录打印的结果应经过校验,如与实际数量有差异时应求出修正系数,保证各项施工参数的准确性。

(2)开始拌和前应设定每拌和一盘沥青混合料的生产量,各个热料仓、矿粉、沥青等的标准配合比用量,设定各项施工温度。

3.2 沥青混合料质量总量测试步骤

(1)拌和过程中计算机通过传感器采集每拌和一盘混合料的各项数据，由计算机自动处理或者逐盘打印这些数据，进行沥青混合料质量的在线监测。当计算机能够实时监测、自动处理、显示、保存所采集的各项数据时，也允许不逐锅打印数据，只打印汇总统计值。

(2)计算机必须逐盘采集各项数据，按各个料仓的筛分曲线，逐锅计算出矿料级配，与工程设计级配范围及容许的施工波动范围进行比较，实时评定矿料级配是否符合要求。当发现有不合格的情况，必须引起注意。如果连续3锅以上都出现不合格情况，宜对设定值进行适当调整。

(3)计算机必须逐盘采集沥青结合料的实际使用量及沥青混合料的生产量，计算油石比(或沥青用量)，与设计值及容许的波动范围相比较，评定是否符合要求。如果连续3锅以上不符要求，宜对设定值进行适当调整。

(4)计算机必须实时监测和采集与沥青混合料生产有关的各种施工温度，与施工规范的要求进行比较，评定其是否符合规定。

3.3　沥青混合料总量检验的计算方法

(1)总量检验的报告周期可以是一个工作日或一个台班。施工停止时，计算机应自动计算并及时打印出各项数据的统计结果。

(2)对沥青混合料的矿料级配，可以打印全部筛孔的结果，但评定是否符合要求可只对5个控制性筛孔(0.075mm、

2.36mm、4.75mm、公称最大粒径、一档较粗的控制性粒径等筛孔）。并按式（T 0983-1）、式（T 0983-2）、式（T 0983-3）计算全过程各种指标的平均值、标准差、变异系数，进行沥青混合料生产质量的总量检验。

$$K_0 = \frac{K_1 + K_2 + \cdots K_N}{N} \qquad (T\ 0983\text{-}1)$$

$$S = \sqrt{\frac{(K_1 - K_0)^2 + (K_2 - K_0)^2 + \cdots + (K_N - K_0)^2}{N - 1}} \qquad (T\ 0983\text{-}2)$$

$$C_V = \frac{S}{K_0} \qquad (T\ 0983\text{-}3)$$

式中：K_0——该报告周期的平均值（%）；

S——一个报告周期的测定值的标准差（%）；

C_V——一个报告周期的测定值的变异系数（%）；

K_1、K_2、…、K_N——该报告周期内每一盘的测定值（%）；

N——该报告周期内总的拌和盘数，其自由度为 $N-1$。

3.4 计算摊铺层的平均压实厚度

利用一个评定周期的沥青混合料总生产量、施工总面积、沥青混合料密度按式（T 0983-4）计算该摊铺层的平均压实厚度：

$$H = \frac{\sum m_i}{A \times d} \times 1\,000 \qquad (T\ 0983\text{-}4)$$

式中：H——该评定周期沥青路面摊铺层的平均施工压实厚度（mm）；

m_i——每一盘沥青混合料的质量；

i——依次记录的盘次；

$\sum m_i$——一个评定周期内沥青混合料的总生产量(t)；

A——该评定周期沥青路面摊铺层的实际总面积(m^2)；

d——评定周期内摊铺层的现场压实密度的平均值，由钻孔试件的干燥密度（即试验室标准密度乘以压实度）测定得到(t/m^3)。

4　其他

(1)沥青混合料生产过程中的动态质量管理按现行《公路沥青路面施工技术规范》的方法进行。

(2)一个沥青层全部铺筑完成后，应绘制出各个检测指标的变化过程，并计算总的平均值、标准差、变异系数。计算各个指标的总合格率，作为施工质量检验的依据。

(3)计算机采集、计算的沥青混合料过程控制及施工质量总量检验的数据图表，均必须按要求随工程档案一起存档。

T 0984—2008　半刚性基层透层油渗透深度测试方法

1　目的与适用范围

本方法适用于测定半刚性基层透层油的渗透深度，以评价透层油的渗透效果。

我国2004年版以前的《公路沥青路面施工技术规范》中，一直没有明确半刚性基层上喷洒透层油的渗透深度要求，加上长期以来由于半刚性基层上透层油的渗透效果不好以及部分工程技术人员对透层油的渗透效果不重视，造成道路建设过程中普遍存在透层油“洒而不透”的现状，致使基层和面层之间没有黏结成一整体，成为我国沥青路面早期损坏的主要因素之一。

众所周知，透层油的关键是要透才能起到透层的作用。在半刚性基层上喷洒的透层油有着以下重要的作用。

(1)层间联结作用

沥青路面设计理论采用的是多层弹性连续体系理论，下面层与基层紧密结合是保证各层完全连续接触的必要条件。透层油渗透以后的基层材料较前模量降低，黏韧性提高。透层油可以使沥青面层与基层间结合紧密，有利于提高路面结构的整体性，防止层间滑移。

(2)养生作用

在新铺就的基层上面及时喷施透层油，透层油渗入基层表面，封闭了基层表面及其一定深度内半刚性材料的孔隙，既可防止雨水渗入浸湿，软化基层，又可防止施工不久基层材料中的水分蒸发，起到对基层养生的作用。

(3)密封防水

由于沥青混合料孔隙率的客观存在，沥青面层都存在渗水到基层表面的现象，这部分水分在行车的作用下，在面层与基层之间产生反复流动、冲刷，将基层表面软化，甚至将泥浆挤出路面面层外，破坏了面层和基层的联结状况，加快了面层出现网裂、龟裂，大大减少了面层使用寿命。通过透层油的渗透作用，可以封闭基层混合料的开口孔隙，从而形成一个渗透深度上的防水层,较大程度提高了基层抵御动水和静水破坏能力。

(4)基层的保护层作用

基层上洒布透层油相当于对基层作了减尘处治,并使基层表面强度稳定性和抗磨耗性提高,可防止和减少表面裂纹及施工车辆通行对基层带来的不利影响。由于某些原因推迟铺筑面层时,透层可以对基层提供临时防护,以防止降雨后短期轻交通量带来的不利影响。由此可见,透层油的作用是不容忽视的,如果处理不当,其后果往往是严重的。

因此,在2004年版《公路沥青路面施工技术规范》(JTG F40—2004)中明确要求:“根据基层类型选择渗透性好的透层油”。喷洒后通过钻孔或挖掘确认透层油渗透入基层的深度宜不小于5mm(无机结合料稳定集料基层)。但是如何确认没有标准的方法,根据近几年的工程实践经验,本次提出了测定半刚性基层透层油渗透效果的方法。

2 仪具与材料技术要求

本方法需要下列仪具与材料:

(1)路面取芯钻机。

(2)钢板尺:量程不大于200mm,最小刻度1mm。

(3)填补钻孔材料:与基层材料相同。

(4)填补钻孔用具:夯、锤等。

(5)其他:毛刷、量角器、棉布等。

3 方法与步骤

3.1 准备工作

在透层油基本渗透或喷洒 48h 后,在测试段内随机选取芯样位置,按本规程 T 0901 中的钻孔法钻取芯样。芯样直径宜为 ϕ100mm,也可为 ϕ150mm,芯样高度不宜小于 50mm。

3.2 测试步骤

(1)用水和毛刷(或棉布等)轻轻地将芯样表面黏附的粉尘除净。

(2)将芯样晾干,使其能分辨出芯样侧立面透层油的下渗情况。

(3)用钢板尺或量角器将芯样顶面圆周随机分成约 8 等份,分别量测圆周上各等分点处透层油渗透的深度(mm),估读至 0.5mm,分别以 d_i ($i=1,2,\cdots,8$)表示,见图 T 0984。

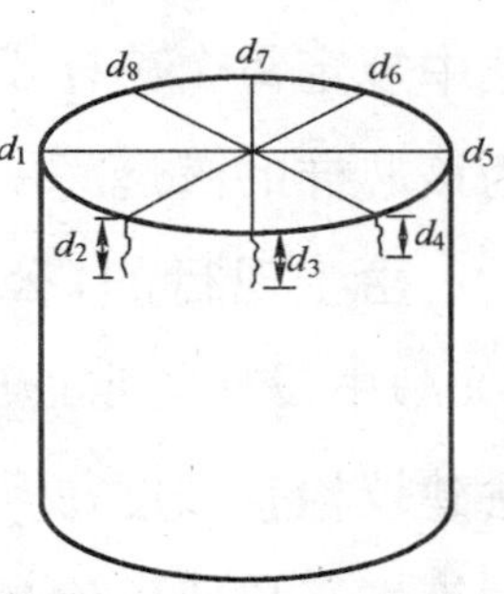

图 T 0984 透层油渗透深度测试示意图

3.3 填补钻孔

(1)清理孔中残留物,钻孔时留下的积水应用棉布吸干。

(2)采用与基层相同的材料(包括配合比)进行填补,并用夯、锤击实。

4 计算

4.1 单个芯样渗透深度的计算

去掉 3 个最小值,计算其他 5 点渗透深度的算术平均值。

4.2 测试路段渗透深度的计算

取所有芯样渗透深度的算术平均值。

注:检查频度为每 5 000m^2 取 1 组,每组 3 个芯样。

在半刚性基层上喷洒透层油后通过钻芯取样可以发现，如果基层表面的某处刚好有一块石料，那么该处透层油无论如何都不会下渗，即下渗深度接近零。这种情况其实与透层油的渗透效果没有关系，此时应将该点作为奇异点剔除。

通过多次试验发现，一个芯样上按顶面圆周 8 等分后的各渗透点表面可能碰到石料的平均次数约为 3 个，因此在测试方法中规定每个芯样剔除 3 个最小值后再取剩余5点的平均值作为该芯样的渗透深度。

由于现行的《公路沥青路面施工技术规范》(JTG F40—2004)中没有规定透层油渗透深度测试时的取样频度，本试验方法建议检查频度每 5 000m^2 取 1 组，每组 3 个芯样，以渗透深度的算术平均值评价是否达到规范的要求。

5　报告

透层油渗透深度的报告应记录各测点的位置及各个芯样的渗透深度测试值。